New Wun Ching Developmental Publishing Co., Ltd.
New Age · New Choice · The Best Selected Educational Publications — NEW WCDP

SERVICE MANAGEMENT

服務業管理

王榮祖 顏碧霞 林逸棟｜編著

THIRD
EDITION

　　本書自2010年出版後，轉眼已歷14年，中間雖改版過一次，然書中多數資料已過時，不符當前的市場情境。本次改版，聚焦於資料的全面更新，依據最新的資料，重新檢視服務業的現況並據以解析與討論，相信更能捉住服務業的主軸，提供更多值得學習、討論與反思的課題。

　　一本書，歷經十多年，二次改版。幸運的是，還能在市場上為基礎理論與實務貢獻一份心力；可貴的是，只有稍具年代的書籍，較能觀察產業變遷，貼近產業脈動，知古而鑑今；榮幸的是，能邀請到兩位年輕又學有專精的學者加入這次的改版，為此次的新版灌入新的活力與生命力。

　　誠如初版所言，服務業並非是單純的產業名詞，也不是用來區隔業別的一座高牆，其廣度與深度早已跨越傳統上對於產業劃分的窠臼，研究的重心與討論的焦點從針對不同業別間的比較，逐漸轉移至探討服務業管理的精神與本質如何被應用在各行業、各階層以及各種管理概念的落實。這段話，即便用於網路科技發達的今日，人工智慧日新月異的時代，仍然適用。

　　身為學生，時刻牢記「學得越多，越覺得不夠多」，身為老師，永遠感到「給得越多，越不知是否夠多」。正因如此，綜合三十餘年的教學與實務經驗，答案就是回歸初心，化繁為簡，一切從打好基礎開始，萬流終究還是歸宗。本書係以講述服務業管理的基本觀念與基礎理論為主，結合我多年來在課堂上使用的講義、講述的個案、發生的時事以及本身實務上的經驗，並蒐集多方資料、數據、文獻等撰寫而成。目的很簡單，希望能建立一座連接理論與實務的橋梁，幫助學生從理論端一窺業界的景象，協助同學們跨出校園到了橋的另一端時，不再感到畏懼與恐慌，得以立刻上手、學以致用；另一方面，則希望能有助於業界的朋友瞭解目前服務業管理理論的發展趨勢，當有所不足或感到困惑時，也能來到有別於業界的另一個思維空間，感受來自不同視野的訓練與成長的方式。本書的各章節皆附有蒐集到適合該章研讀的個案，並在個案後附有問題與討論，提供心得交換的討論園地，希望有助於加深學習印象，模擬業界實況，進而提高學生的學習效果。

全書共計十五章，分為四大主軸撰寫。第一篇為服務業管理的基本概念，包括第一章、第二章與第三章。第一章說明服務業的定義、內涵與各種型態；第二章從服務業的演變趨勢談起，探討服務業未來的發展趨勢及其應用主軸；第三章談論服務業管理的基本原則，如：企業邏輯、決策權限、組織焦點等，並比較製造業與服務業之異同以及可能產生的迷思與誤解。

第二篇為服務業的內部管理，範圍從第四章至第六章。服務業最基本的特質就是以「人」為媒介，做為傳遞服務價值與鞏固服務品質的重要橋梁，企業本身的內部管理對服務業而言更為重要。第四章介紹身為服務人員應具備的特性以及與人力資源管理相關的課題，如：招募、遴選、訓練、授權等；第五章為服務品質相關課題的探討，何謂品質？服務品質的內涵以及服務品質該如何衡量？第六章談及職場上最重要的倫理議題，倫理與道德的意涵及其重要性、可能產生的效應與後果、服務的社會責任等。

第三篇為服務業的外部管理，範圍從第七章到第十一章。本篇主要以服務規劃、服務訂價、服務通路與服務溝通四個服務組合為內容，類似行銷組合中提及的4P概念，分別論述要成功完成交易、傳遞服務價值所應該採取的策略及其注意事項。此外，服務的商品特性之一，除了顧客往往是產品的一部分外，服務的好壞亦深受提供服務時的場所、氣氛、環境等因素的影響，這也就是服務業管理中所稱的實體呈現。換言之，顧客對服務的整體評價，不僅受到商品本身品質的好壞、價格的高低、心動程度與了解程度的影響，亦包含對服務提供時的外在環境以及軟硬體設備的感受。

第四篇為服務業管理的重要課題，包括服務傳送的系統管理（第十二章）、顧客關係管理（第十三章）、服務疏失管理（第十四章）以及服務業創新（第十五章）。滿足顧客需求的服務，就像一齣讓人印象深刻的舞台劇，首先要有好的劇本（服務傳送的系統）、要能引起觀眾共鳴（顧客關係管理）、妥善處理舞臺上的突發狀況（服務疏失管理），並且能在表演過程帶給觀眾額外的驚喜（服務業創新）。若能同時考慮與規劃這四個課題，將能使服務的提供更加完美。

一本書的完成絕非一己之力而能畢其功。感謝育達科技大學王育文董事長一路上的提攜與體諒，讓我在這一年得以全心貫注於我所喜愛的教學工作，並得以完成本書的改版。感謝致理科技大學顏碧霞與林逸棟兩位教授的加入，讓本書

的改版更加完備。當然,新文京開發出版股份有限公司在本書改版過程中提供了
許多的協助,在此亦一併致上謝忱。

　　本書爰引之資料頗多,雖寫作上已力求周延並經過多次校稿與改寫,難免
仍有遺漏謬誤之處,尚祈讀者不吝指正,做為日後寫作的改進。

　　　～感謝天上的父親賜予我不斷前行的智慧與勇氣～

王榮祖

謹誌於桃園平鎮

C o n t e n t s

目 錄

PART 01 服務業管理的基本概念

Chapter 1 ｜什麼是服務業　3
1-1　服務的意義與內涵 4
1-2　服務的型態 7
1-3　服務業的分類與範疇 10

Chapter 2 ｜服務業的未來趨勢　19
2-1　臺灣服務業發展現況 20
2-2　服務業的產值 21
2-3　服務業的重要性 22
2-4　服務業科技應用 24

Chapter 3 ｜服務管理的原則　27
3-1　製造業與服務業之管理 28
3-2　服務導向策略 30
3-3　服務管理的意義與觀點 34
3-4　服務管理的原則 39

PART 02 服務業的內部管理

Chapter 4　服務的人員管理　47
4-1　服務人員應有之特性 48
4-2　人員招募與遴選 51
4-3　人員訓練 55
4-4　人員授權 60
4-5　衝突管理 63

Chapter 5 ｜服務的品質管理　69
5-1　品　質 70
5-2　服務品質 73
5-3　服務品質的衡量 81

Chapter 6 ｜服務倫理　89
6-1　倫理與道德意涵 90
6-2　服務業倫理與道德之重要性 94
6-3　對消費者的不利影響 98
6-4　服務業的社會責任 99

PART 03 服務業的外部管理

Chapter 7 ｜服務規劃　107
7-1　服務的基本概念 108
7-2　新服務的規劃 114
7-3　新服務的發展步驟 116

Chapter 8 ｜服務訂價　127
8-1　訂價的意義 128
8-2　影響服務訂價的因素 129
8-3　服務訂價的方法 135

Contents

8-4 服務訂價的策略 139
8-5 價格調整管理 145

Chapter 9│服務通路 149

9-1 通路的意義與功能 150
9-2 通路設計的考量因素 153
9-3 通路型態的選擇 157
9-4 通路成長策略組合 158

Chapter 10│服務溝通 169

10-1 溝通的意義與目的 170
10-2 廣告決策 175
10-3 人員銷售決策 181
10-4 銷售推廣決策 185
10-5 公共關係決策 187

Chapter 11│服務的實體呈現 191

11-1 實體環境的基本概念 192
11-2 實體環境的影響層面 194
11-3 實體環境的考量因素和設計 196

PART 04 服務業管理的重要課題

Chapter 12│服務傳送的系統管理 205

12-1 產品製造與服務製造之不同 206
12-2 服務傳送的運作原則 207
12-3 服務傳送結構 208
12-4 服務傳送系統規劃 210
12-5 自助服務的運作 213

Chapter 13│顧客關係管理 217

13-1 顧客關係管理理論 218
13-2 顧客忠誠度 219
13-3 顧客管理系統 225

Chapter 14│服務疏失管理 231

14-1 服務疏失的定義 232
14-2 服務疏失的類型 235
14-3 服務疏失的補救 237

Chapter 15│服務業創新 245

15-1 服務創新 246
15-2 服務創新發展方向 248
15-3 服務業經營創新模式 253

參考文獻 263

服務業管理的基本概念

Chapter 1 | 什麼是服務業
Chapter 2 | 服務業的未來趨勢
Chapter 3 | 服務管理的原則

Service Management

CHAPTER

什麼是服務業

1-1　服務的意義與內涵

1-2　服務的型態

1-3　服務業的分類與範疇

SERVICE
MANAGEMENT

1-1 服務的意義與內涵

一、前言

由於臺灣近年來經濟快速成長，人民的生活水準也隨之攀升，當人們的生活水準提高，所需要的就是更好的服務。經濟型態開始改變，以往企業只將「服務」視為實體產品交易時的一種附加的減價方式，或者是額外的贈送活動以及提供客戶的一些優惠，這樣的觀念正備受考驗，而企業也開始調整經營方式，將「服務」不再只視為商品的附屬品，而是一種新型態的經營策略。根據主計總處統計，112年第一季，臺灣服務業產值占國內生產毛額(GDP)比重已超過63%，國內經濟發展與產業結構必須要積極轉型，唯有全力發展服務業，才能創造「臺灣經濟第二春」。

雖然服務業占GDP比重不斷提高，但許多企業與民眾想法還未轉變，還停留在以製造業為主的階段。觀察日本及美國經驗，日本最近10年雖然大量出超，但經濟仍處於低檔，而美國是入超國家，經濟狀況卻明顯優於日本。換言之，一個國家經濟成長與貿易順差沒有必然關係，真正關鍵因素在民間消費力道。臺灣發展至今，經濟成長力道已不能光靠出超，反而依賴民間消費比率漸增，給予服務業一個很好的發展環境。

二、服務的意義

服務(Service)該詞的用意自古就已出現在中國，如在《論語》為政篇中：「有事，弟子服其勞，有酒食，先生饌。」便可清晰可見。而在西方則為替大眾做事，替他人勞動的涵義，並且更加入經濟上的意義存在。換言之，服務的意義是指在特定的時間、地點，針對顧客提供一種「創造價值」和「提供利益」的活動，可分為三個部分進一步說明如下：

（一）價值與利益 (Value and Benefit)

此處所指即為提出可以獲得顧客與消費者所認同的價值利益，使他們願意支付報酬獲得該服務。

（二）活動 (Activity)

服務也是一種循環性質不斷重複，且不隨意間斷的活動。

（三）無形與有形 (Intangible and Physical)

服務可以分為無形的方式以及附加在實體產品下的產物，包括：

1. 完全無形之服務，例如：觀看球賽、電影、聆聽音樂會等。

2. 實體產品與無形服務，例如：餐飲業。

3. 實體產品為主之服務，例如：飲料、運動用品…等非必要消費物品。

Regan(1963)是最早提出服務具有四大特點的學者，主張服務的特性包括：

1. **無形性(Intangibility)**：服務本身沒有辦法直接具體觀察出來。

2. **異質性(Heterogeneity)**：服務會跟著服務人員的認知、時間、地點或顧客感受的不同而有所差異性，無法明確衡量。

3. **易逝性(Perishability)**：服務無法儲存也無法提前產生。

4. **不可分割性(Inseparablity)**：服務的產生是與交易同時發生。

國內外亦有許多學者分別對於服務的定義分別有著不同的看法，整理如表1-1所示。

→ **表1-1　服務定義整合表**

提出年代	學者	服務的定義
2001	衛南陽	從 SERVICE 字面分解服務所代表的意義，包括真心的微笑待客、具備工作技能、態度親切、個別看待、誠摯的邀請、溫馨的環境、關愛的眼神等。
2000	徐堅白	服務是提供對消費者服務期望的滿足程度。
1991	Philip Kotler	服務係指一個組織提供另一群體的任何活動或利益，性質屬於無形，與所有權之交付無關，且可獨立自由產生，不一定要附屬在實質的商品上。
1990	Murdick	幫助生產、運銷貨物，以及增進人類生活福祉的活動，均稱為服務。
1988	Hirsch	生產者與消費者間的互動關係，認為服務的交易型態具有同步性之特質，商品交易則否。

而在服務業定義上，Levitt(1972)說：「世上並無所謂的服務業，只不過是某些產業所提供的服務多於或少於其他產業所提供的服務而已。事實上，每個人都在服務自己，也在服務別人。」因此，在服務業的確實定義上或許有難度，但如果不作出明

確的定位，往後的研究勢必相當困難，所以還是有學者提出了本身的見解如表1-2所示。

→ 表1-2 服務業定義整合表

提出年代	學者	服務業的定義
2001	薄喬萍	服務就是公司所提供的知識、勞務、時間，藉以滿足消費者需求的一種行為，而專門以服務為產品的公司、行業，則稱為服務業。
1997	詹德松	指行業內從業人員中，凡服務性人員較生產作業人員數多者，可視為服務業。
1990	Murdick, Render & Rusell	1. 產出後馬上被使用掉。 2. 產出是一種提供支援的活動，不是製造、建設活動可以實體化的一部分。
1988	郭崑謨	服務業乃指所有服務行業所組成的群體。
1987	Jackson & Musselman	一家企業的收益50%以上是來自服務的提供。
1960	美國行銷協會	凡可供銷售的活動、利益或滿足事項，或者與貨品促銷有關的一切活動。

三、服務的內涵

張建豪(2002)在《服務業管理》中提到，"Service"，服務的內涵就包含在這短短的七個英文字母之間，它代表了服務最核心的價值，以下為"Service"個別詳細解釋其內容。

S：Smile to show service enthusiasm.
利用微笑來展現你的熱誠，第一印象對於服務是相當重要的。

E：Employee happy then customer happy.
必須要有快樂的員工才能創造快樂的客戶。

R：Response anyone at anytime.
顧客至上是首要法則。

V：Very good quality is customer's perception.
服務品質的好壞是由客戶來決定的。

I：Insist on retention not only attraction.

　吸引新的客戶固然重要，但你也要想辦法留住舊客戶。

C：Customer complaint is the best free consultant.

　顧客的抱怨就是免費的顧問。

E：Ensure your customer satisfaction and delight.

　服務不僅只是要讓客戶滿意，而是要讓他們非常滿意。

1-2 服務的型態

一、服務型態的時代轉變

　　「一通電話服務到家」、「這就是你們的服務？」兩句話分別代表了正面與負面的服務態度，也代表了「服務」兩字的魅力就是在於它的品質來自於顧客內心的感受。服務自人類出現以來即存在，從遠古時期、中古時代、近代、現在、未來，每個時期服務型態都有著不同的轉變與意義。

（一）遠古時期

　　居住在洞穴中的原始人們利用獸骨縫製獸皮衣服來換取別人所捕獲的獵物，這是人類利用服務來換取應有報酬的最早紀錄。

（二）中古時期

　　進入了中古時代，人們依舊因為交通的不便而鮮少離開家園，但已開始了解該如何利用簡單的服務來換取當時可以交易的財貨，例如開設客棧以服務來自異地的旅人。除此之外他們也為當時最具權力的人服務，不論辛勤工作繳稅或是拿起武器攻城掠地，帝王、君主即是這些服務的受惠者。

（三）近代時期

　　發展到了近代時期，在西元1842年Thomas Cook 創立了世界上的第一間旅行社這項舉動，對服務的型態帶來了巨大的改變，它對服務的影響有：

PART

1

1. 首次利用企業的型態將服務呈現出來。

2. 使服務項目多樣化。

3. 利用旅行社讓服務的範圍國際化。

4. 將服務由最早的個人行動變成有組織性的團隊服務。

5. 利用旅行社的方式將服務從只有食衣住行提升至娛樂面。

　　而且在此時期工業革命，西元1903年飛機問世，交通工具有了突破性的發展，使得人與人、國與國之間的距離大幅度的拉近，商業行為更加興盛，而服務的型態也有了更多樣性的樣貌。

（四）現代時期

　　近二、三十年來除了交通工作的進步，科技的快速創新也使服務的型態與品質大幅度的擴展與提升，企業開始提供更多的方式來服務客戶。例如電視購物、電子商城的方式，不再需要跑到實體店面，電信業者推出行動電話，使人們得到更方便的電信服務等。服務型態除了從傳統食衣住行提升到育樂之後，更開始重視服務的精緻化而非以往單一大量無分別的服務方式，開始調整朝向個人差異化、客製化的服務新趨向。

（五）未來

　　隨著電腦的發明與進步，個人電腦越來越普遍，寬頻網路也越來越進步，所有世界各地的事物僅需幾個按鍵便可一清二楚。人們開始走入虛擬的世界，無論是繳款、購物、交友、閱讀報紙書籍，只要在螢幕前伸出手指幾分鐘即可解決，這也徹底顛覆了傳統企業以面對面方式的服務型態，也迫使企業對於經營方式進行徹底的改變，未來的21世紀「速度」與「隱私保密」將會是新型態服務取勝的方式。

二、無形服務與實體產品

　　大部分的顧客對於實體產品好壞的判斷力通常會較優於無形的服務，因為服務的好壞取決於每個顧客心中的感受，而感受通常不盡相同。至於服務到底有何特性可以使大眾在判斷上有如此大的區別，可以從服務業的特性上，以及無形服務與實體產品的交互比對，來發現其中差異。楊錦洲(2001)提出服務業有十二項的特性，包括：

1. 服務業的產品大部分是無形。

2. 產品的變化性大，通常沒有標準可以參考。

3. 產品無法儲存。

4. 員工與顧客間有高度的接觸。

5. 服務時通常有顧客的參與。

6. 服務業是勞力密集的產業。

7. 服務無法大量的生產。

8. 服務的品質受到員工的影響很大。

9. 服務的品質不容易控制。

10. 服務的績效不容易評估。

11. 服務的尖峰與離峰差異非常大。

12. 某些服務業的進入障礙相當低。

　而無形的服務與實體產品的比較可以從表1-3看出差異性：

➡ 表1-3　無形的服務與實體產品差異比較

比較項目	無形服務	實體產品
所有權	1. 無法擁有，如：租賃汽車 2. 不能轉移，如：看電影	有，可轉賣
顧客參與生產過程	較多，如：醫生看診	較少
顧客也是產品的一部分	是，往往在顧客參與之外，還有其他一起使用此服務的消費者，如：搭乘高鐵	否，通常可以和顧客劃分成兩部分，如：衣服和顧客
品質評估	較難，具經驗特性和信賴特性	較易，如：買鞋試穿
投入與產出變異	較多，不保證有相同的產出	較少，具有固定比率
存貨	不可儲存	可儲存
時間因素	相對較重要	相對較不重要
配銷通路	可經由虛擬通路	經由實體通路

　由表1-3可以發現無形的服務因為消費者幾乎全程參與整個生產的過程，所以產品的好與壞幾乎完全取決於接受這項服務消費者的感受與主觀意識，因此如何讓顧客在服務中感受到業者的誠意使他感到滿意，這方面是相當重要的課題。

1-3 服務業的分類與範疇

一、服務業的範疇

依據經建會對於服務業的分類,粗略可以分為商業、運輸倉儲通訊、政府、金融保險企業等4項服務,若再依據行政院主計處行業標準分類第八次修訂,服務業的範疇可以再細分為以下七大類:

1. 商業:包括批發、零售、綜合零售、國際貿易及餐飲業。

2. 運輸、倉儲及通信業。

3. 金融、保險及不動產業。

4. 工商服務業:包括法律、會計、顧問、廣告和租賃業等。

5. 社會服務及個人服務業:包括環保、學校、醫療保健、出版、廣電、娛樂、旅館和個人服務業。

6. 政府服務生產者:包括公務機關、國防、國際機構和當地駐外機構等。

7. 其他生產者:包括家事服務與對家庭服務之非營利生產者。

直至2003年行政院經建會認為服務業所涵蓋的範疇相當廣泛,如為往後服務業的發展勢必要進行更細項的分類,以利往後的研究探討。因此邀請了產官學三方面召開了12場次服務業發展研討會,以及後續20餘場跨部會協商會議,依據WTO服務業分類參考文件(W/120)的分類為樣本,將服務業範疇細分為十二項種類,並將其列為發展重點,最後訂定「服務業發展綱領及行動方案」並於2004年11月呈報行政院核定通過後實施,其範疇分類如下所述。

(一) 金融服務業

金融及保險服務業係指凡從事銀行及其他金融機構之經營,證券及期貨買賣業務、保險業務、保險輔助業務之行業均屬之。

產業範圍包括銀行業、信用合作社業、農(漁)業信用部、信託業、郵政儲金匯兌業、其他金融及輔助業、證券業、期貨業以及人身保險業、財產保險業、社會保險業、再保險業等。

（二）流通服務業

　　連結商品與服務自生產者移轉至最終使用者的商流與物流活動，而與資訊流與金流活動有相關之產業則為流通相關產業。產業範圍包括批發業、零售業、物流業（除客運外之運輸倉儲業）。

（三）通訊媒體服務業

　　利用各種網路，傳送或接收文字、影像、聲音、數據及其他訊號所提供之服務。產業範圍包括電信服務（固定通信、行動通信、衛星通信及網際網路接取）等服務，與廣電服務（廣播、有線電視、無線電視及衛星電視）等服務。

（四）醫療保健及照顧服務業

　　預防健康服務（成人健診、預防保健服務、健康食品、健身休閒）、國際化特色醫療（中醫、中藥及民俗療法行銷國際化）、醫療國際行銷（結合外交與媒體共同行銷國內強項及罕見疾病醫療技術）、醫療資訊科技（電子化病歷、預防保健知識通訊化、遠距居家照護服務、建立全國整合性醫療健康資訊網）、健康產業知識庫（建立健康知識資料庫規範）、本土化輔具（獎勵本土輔具研發，建立各類輔具標準認證系統，輔具供需資訊與物流或租賃中心）、無障礙空間（結合建築、科技、醫療及運輸等，規劃公共空間及居家無障礙環境）、照顧服務（醫院病患照顧、居家照顧、社區臨托中心、失智中心）、老人住宅（老人住宅並帶動其他相關產業，包括交通、觀光、信託、娛樂、保險）、臨終醫療服務（安寧照顧企業化）。

（五）人才培訓、派遣及物業管理服務業

　　人才培訓服務業（高等教育、回流教育及職業訓練），訓練機構可能包括提供高等教育、回流教育的在職專班、推廣教育學分班、終身教育的社區大學等，及提供職訓教育之純粹公共職訓機構（公、民營）、企業附設（登記有案）、政府機構、各級學校之附設職訓、部分短期補習班及學校推廣班（部）推廣教育的學分班等、人力派遣（主要是一種工作型態，除從事人力供應業之事業單位外，其他如保全業、清潔業、企管顧問業、會計業、律師業、電腦軟體業等，亦從事部分人力派遣業務）、物業管理服務業（針對建築物硬體及服務其社群與生活環境之軟體，作維護管理與全方位之經營）。

（六）觀光及運動休閒服務業

觀光服務業（提供觀光旅客旅遊、食宿服務與便利及提供舉辦各類型國際會議、展覽相關之旅遊服務）、運動休閒服務業（運動用品批發零售業、體育表演業、運動比賽業、競技及休閒體育場館業、運動訓練業、登山嚮導業、高爾夫球場業、運動傳播媒體業、運動管理顧問業等）。

（七）文化創意服務業

文化創意產業指源自創意或文化累積，透過智慧財產的形成與運用，具有創造財富與就業機會潛力，並促進整體生活環境提升的行業。產業範圍包括視覺藝術產業、音樂與表演藝術產業、文化展演設施產業、工藝產業、電影產業、廣播電視產業、出版產業、廣告產業、設計產業、設計品牌時尚產業、建築設計產業、創意生活產業、數位休閒娛樂產業等。

（八）設計服務業

產品設計（工業產品設計、機構設計、模具設計、IC設計、電腦輔助設計、包裝設計、流行時尚設計、工藝產品設計）、服務設計（CIS企業識別系統設計、品牌視覺設計、平面視覺設計、廣告設計、網頁多媒體設計、產品企劃、遊戲軟體設計、動畫設計）。

（九）資訊服務業

提供產業專業知識及資訊技術，使企業能夠創造、管理、存取作業流程中所牽涉之營運資訊，並予以最佳化之服務視為資訊服務。

產業範圍包括：電腦系統設計服務業（凡從事電腦軟體服務、電腦系統整合服務及其他電腦系統設計服務之行業均屬之）、資料處理及資訊供應服務業（凡從事資料處理及資訊供應等服務之行業均屬之）。

（十）研發服務業

研發服務業係指以自然、工程、社會及人文科學等專門性知識或技能，提供研究發展服務之產業。

（十一）環保服務業

環境保護服務業包括空氣汙染防治類、水汙染防治類、廢棄物防治類、土壤及地下水汙染整治類、噪音及振動防治類、環境檢測、監視及評估類、環保研究及發展類、環境教育、訓練及資訊類及病媒防治類等九大類。

（十二）工程顧問服務業

工程顧問服務業係以從事各類工程及建築之測量、鑽探、勘測、規劃、設計、監造、驗收及相關問題之諮詢與顧問等技術服務為專業者之行業，目前分為建築師、專業技師、顧問機構三種不同業別。

二、服務業的分類

上述為服務業的範疇主要論述以不同行業作為區分的方式，而學者Lovelock在1986年根據服務行為之本質、組織與顧客之關係、服務傳送過程之顧客化及判斷、服務之需求與供給性質、服務之傳送方法等五構面作分類，各分類詳細說明如下：

（一）依服務行為本質之分類

1. 直接對人體之有形服務

顧客接受服務是為了滿足個人的食衣住行育樂等需求，而顧客也必須親自前往服務的地點才能接受到服務，如：旅客運輸業、餐廳、理容美髮業等。

2. 直接對物品之有形服務

此部分的服務是以顧客的物品為主，本身並不需要在場，如：貨物運輸業、乾洗店業以及景觀設計等。

3. 直接對人身方面之無形服務

此部分主要以資訊為基礎，服務客戶的心理為主，如：教育、廣電、電視等。

4. 直接對事與物之無形服務

這裡主要是以資訊為主的服務，顧客並不需要直接參與其中，這類的服務主要都是以利用資訊蒐集的方式來作為主要服務內容，如：銀行、保險、程式設計等。

（二）依組織與顧客關係之分類

1. 為連續性且可發展成為會員型態者

這裡指可以持續性的提供服務並且顧客也是屬於公司的會員，透過簽訂合約的方式持續性得到服務，如：保險業、銀行業、有線電視用戶等。

2. 連續性服務但屬於非正式關係型態者

此處係指提供連續性不間斷的服務，但顧客不需要是提供服務業者的會員，如：廣播電臺、電視新聞、高速公路等。

3. 間斷性服務且可發展成為會員型態者

此是指非持續性的提供服務，但顧客仍然為服務供給者的會員，如：月票、電影套票、健身房會員等。

4. 間斷性服務且屬於非正式關係者

此處係指提供間斷性的服務且顧客，也不需要是提供服務業者的會員，如：交通運輸、餐廳、電影院等。

（三）依服務傳送過程中顧客化及判斷程度之分類

1. 為顧客化程度高且服務人員提供服務時需要判斷程度高者

這裡的分類是指服務人員必須考量個別顧客的需求，分別替每一個客戶提供屬於他們專屬的服務內容，如：房仲業者、法律服務、醫療系統等。

2. 為顧客化程度高，但服務人員服務時需判斷程度低者

此處指可以依照顧客的本身需求提供屬於他們需要的服務，且有一定的標準程序，服務人員不須有太多的判斷，如：旅館、電話系統、銀行業等。

3. 顧客化程度低，但服務人員服務時需要判斷程度高者

服務人員與顧客之間有較高的互動性，但顧客間所得到的服務內容彼此間都一致相同，如：學校教育、健康檢查。

4. 為顧客化程度低且服務人員服務時需判斷程度低者

此部分的服務是相當固定標準化的，大部分的顧客只能選擇是否接受服務，如：餐廳、電影院、欣賞運動比賽。

（四）依服務需求與供給性質之分類

1. 為顧客需求受時間因素影響而供應者也具有能力應付者

這裡指的是在尖峰需求大時，服務提供者也有能力足以應付，如：電力供應、天然氣、電話系統等。

2. 為顧客需求較不受時間因素影響，但供應者亦有能力應付者

此指顧客較不會因為時間而影響其需求，就算遇到尖峰需求服務提供者也可以應付，如：保險、銀行業、法律服務等。

3. 為顧客的需求深受時間因素影響，且供應者不具調整供應能力者

此指顧客所需要的服務需求受到時間影響相當大，過了需求時段後所需的服務即消滅，而服務提供者在需求的尖峰時段並無法提供足夠的服務產能，如：運輸業、餐飲業、旅館業。

（五）依服務傳送方式之分類

1. 為顧客至服務處，其中屬於單一管道者：根據字面即可了解，如：戲院、KTV等。

2. 為顧客至服務處，其中屬於多重管道者：例如公車服務、連鎖超商等。

3. 為服務者到府提供服務者，屬於單一管道者：例如景觀設計、草皮保養、計程車。

4. 為服務者到府提供服務者，屬於多重管道者：例如快遞服務、道路救援、電腦維修。

5. 為顧客與組織是不見面的，屬於單一管道者：例如信用卡公司、地方第四臺。

6. 為顧客與組織是不見面的，屬於多重管道者：例如廣播服務、電話服務。

從製造業邁向製造服務業

盈錫精密透過智慧製造 邁向製造服務業

盈錫精密工業股份有限公司創立於1989年，專精於精密零件製造，主要生產精密軸承螺帽及精密小螺桿等機械零件，銷售區域遍及全球，為了提供海內外重要客戶更多元、更高價值的產品與技術，著手啟動新一波以智慧製造驅動的數位轉型，在扎實的金屬加工製造技術的基礎之上，從傳統製造業走向製造服務業。

盈錫精密長期致力於品牌行銷，以大臺中為製造基地，全球共有七大行銷服務中心，在海內外客戶的支持之下，成為全球前三大精密鎖定螺帽的專業製造廠；自2016年起，啟動新一波的轉型升級，從公司的主要核心流程盤點與合理化，以及公司未來發展願景，勾勒出符合製造業需要的智慧製造發展藍圖，透過數位匯流持續優化改善，提供客戶更高的價值。

對於品保的重視與決心，來自於經營者的決心與態度；盈錫精密為了滿足國際大廠對於品質的堅持，歷年來持續投入各式高階量儀與量具的建置，以及專業品保人才的培育。

為了確保量測數據的公信力，在工研院量測中心的協助之下，更進一步建置通過TAF認證、全球唯一的「精密螺帽檢測暨精密量測實驗室(TAF2867)」，出具的量測報告在國際間獲得相互認證，深獲國內外大廠信賴。

因應產業未來朝向少量多樣高精度的發展需要，透過智慧製造的推動進一步引進資通訊相關的軟硬體整合應用，盈錫精密將提供優質客戶－少量多樣與量產混線的製造能耐；在頂尖客戶投入中高階複合設備的研發階段，提供少量多樣、高精度、高品質的精密零件製造，而在客戶需要量產滿足「高價值產品」成長動能時，盈錫精密仍然可以做為頂尖客戶最大的製造後盾。

資料來源：朱錦霞，工商時報 https://www.chinatimes.com/newspapers/。

永豐餘從服務角度展開全球運籌

已有五十多年發展歷史的永豐餘，為了全球運籌，也設立產銷、設計與財務全球運籌中心。永豐餘紙器部表示，永豐餘希望轉型成為製造服務業者，而永豐餘全球布局所掌握的原則，則是從客戶的角度出發，相關的e化服務也都先從客戶端著手，包括提供電子採購、協同設計等，以提升服務品質。

　　目前永豐餘在臺灣、中國、越南等地區設有工廠，往來的國際大廠像是HP與Wal-Mart。在2003年，永豐餘就參與經濟部工業局主導的體系間電子化計畫，提供客戶一點下單，多點服務，同時成立設計中心，引用3D線上同步設計，提升作業效率。2006年，永豐餘又參與財務營運總部電子化計畫。

　　永豐餘的運籌平臺主要可提供客戶電子採購等服務，從剛開始的50家客戶採用這個平臺，至今已有超過1500家客戶加入。電子採購帶來的效益則反應在生產的速度上，生產流程可從過去3天縮短到目前的1天，過去許多時間都浪費在行政作業上，比如客戶要下單時，必須要先跟業務員聯絡，而業務員未必能在當天就派發訂單至生產單位。透過電子採購之後，生產單位就能在最短的時間收到訂單，因此能馬上進入生產。對客戶來說，既能更快速取得成品，亦可隨時下單。

　　擁有設計能力，可讓產品的單價隨之提升，而能夠直接跟品牌廠商接單，也就不需要再因為OEM或ODM業者的比價而壓縮包裝的價格。資訊產品的生命週期越來越短，資訊產品廠商對於包裝盒也越來越重視，永豐餘目前有3成的產品有設計的需求，但是這3成產品可帶來的營收卻是過半。

　　永豐餘在2006年成立財務運籌中心，未來還將提升服務與通路運籌的能力，而這些也都是為了成為製造服務業者所做的努力。

資料來源：許雅婷，iThome online http://www.ithome.com.tw/

問題與討論

1. 從個案中請指出盈錫精密工業股份有限公司如何進行數位轉型以從傳統製造業走向製造服務業？提及轉型的動力和主要步驟。

2. 請從網路或其他資訊管道尋找，與永豐餘一樣從傳統製造業邁向製造服務業的相關案例，並簡述之。

CHAPTER

服務業的未來趨勢

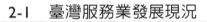

2-1　臺灣服務業發展現況

2-2　服務業的產值

2-3　服務業的重要性

2-4　服務業科技應用

SERVICE
MANAGEMENT

2-1 臺灣服務業發展現況

　　2013~2022年臺灣服務業生產毛額（以下簡稱GDP），對於經濟成長率之貢獻為年平均1.51%，並於2017年，首度超越工業，但在2020~2022年期間，服務業GDP平均對於經濟成長率貢獻度為1.4%，可看出2020年以後臺灣服務業GDP呈現成長低迷狀態。同時期工業GDP對於經濟成長率貢獻度(2.77%)高於服務業，服務業占我國GDP的比重縮小。（圖2-1）

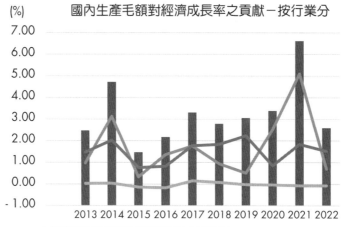

國內生產毛額對經濟成長率之貢獻－按行業分

* 折線圖為各產業對經濟成長率之貢獻率
本表不含統計差異，故農、工、服務業貢獻加總不等於經濟成長率

■ 經濟成長率　── 農林漁牧業　── 工業　── 服務業

♥圖2-1、我國產業別實質GDP與經濟成長率

資料來源：根據行政院主計處資料，經濟部工業局2024。

　　2013~2022年，臺灣服務業人均GDP的成長率很低，比工業低，但從就業人數比率來看，工業的比率微幅下降，服務業的比率微幅上升，服務業的比率越來越高。依此趨勢推估，未來10年工業的人均產值將超過服務業。（圖2-2）

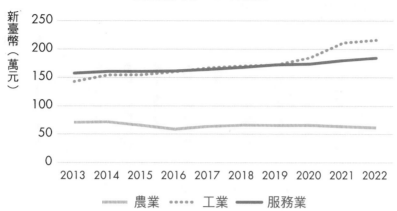

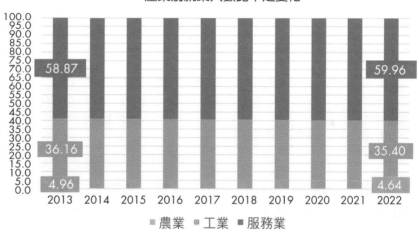

♥圖2-2、產業別之人均GDP之變化與就業人數之變化

資料來源：根據行政院主計處資料，經濟部工業局2024。

2-2 服務業的產值

臺灣的經濟發展歷程，因為所得增加帶動消費性的服務業需求提高，和專業分工刺激分配性及技術支援性服務業的發展，服務業扮演的角色日益重要。一般而言，國家經濟發展程度越高，服務業在國家經濟所占的比重越高，如圖2-3所示。就生產毛額(GDP)產出結構來看，製造業與服務業占整體GDP之比率逐年增加。

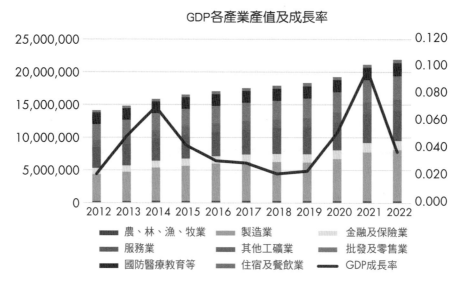

GDP各產業產值及成長率

圖例：
農、林、漁、牧業　製造業　金融及保險業
服務業　其他工礦業　批發及零售業
國防醫療教育等　住宿及餐飲業　GDP成長率

♥圖2-3、GDP各產業值及成長率

資料來源：行政院主計總處，2023。

2-3　服務業的重要性

　　臺灣已開始向服務業（而非工業）為主軸的經濟轉型，經濟與就業榮枯的關鍵也將繫於服務業能否更進一步成長。然而服務業的未來在哪？除了政府部門的服務之外，服務業中最重要的部分是金融保險工商服務業（產值約占整體服務業的三分之一），其次為批發零售及餐飲業（約四分之一），運輸倉儲及通信業又次之（略超過一成）。但我們也觀察到，先進國家如美國、英國和日本，新興發展國家如新加坡與愛爾蘭，他們的金融保險工商服務業均有約四成的比重，南韓甚至超過百分之四十五。與這些國家相比，我們在金融保險工商服務業顯然仍有很大的成長空間。

　　從金融保險工商服務業的結構變化中我們還可以看到一個有趣的現象：證券期貨業與保險業的發展歷程迥異。保險業拜當初我國為了加入WTO而開放保險市場之賜，十多年來一直穩定成長，至今猶未見到停頓的跡象。但是證券期貨市場的開放程度始終受到很多限制，致使此一產業規模無法擴張，占服務業的比重一直偏低，與保險業的蓬勃相形見絀。

　　服務業的未來當然不只在金融保險工商業而已。由於臺灣經濟規模不大，所以即使服務業也不應該自限於本身的市場，而必須面向亞洲，爭取與國際接軌的機會。因

此，「外向型」的服務業，也就是以專業知識與技術為核心的服務業（例如軟體設計、科技研發、工程與管理顧問等），應該是我們加強推動的主要方向。前面所提及的兩種金融服務業發展之差異，已經清楚證明了市場開放的重要性，而更開放的市場不僅利於各種服務業的成長，亦有助於原本「內向型」的服務業與國際接軌，可創造更大的產值與更多的就業機會。

在國際現代服務業的發展現狀，全球服務業逐漸取得經濟主導地位。在經濟全球化和資訊化的推動下，自20世紀70年代開始，全球產業結構呈現出由「工業型經濟」向「服務型經濟」的重大轉變，自此拉開了國際現代服務業突飛猛進的發展序幕。全球服務業也呈現出快速增長的趨勢，使得各國的服務業產值在其國家的整個經濟中的比重持續上升，如今多數國家的服務業產值在整個國家的經濟活動中逐漸取得了主導地位。

全球服務業就業人數持續增加。隨著經濟的發展，平均國民收入水準的提高，勞動力在一、二、三產業中的比重，表現為由第一產業向第二產業、再由第二產業向第三產業轉移的趨勢，推動這種轉變的動力是在經濟發展過程中，各產業之間的平均收入存在著差異。國際經濟發展的歷史經驗表明，平均GDP在1,000美元以上，產業結構處於快速變動期，特別是服務業將處於加速發展的轉捩點。由此可見，經濟成長和就業結構變化之間具有很強的相關性，經濟發展過程也是經濟結構變革的過程，發達的經濟都有很高的服務業就業人口。

現在的跨國公司，從通用電氣、施樂、惠普、IBM到海爾，這些利潤大都來自產品銷售的企業正迅速轉變為服務提供商。通用電器公司打算通過服務來創造75%的利潤。IBM從它為硬體業務所做的基本服務中得到了其收入的33%，包括電腦租賃、維修和軟體。目前太多的製造商正在迅速的捲入到服務當中，加入到基礎生產商品的服務越來越多，延期付款和租賃系統、培訓、服務契約、諮詢服務等，以通過新的服務領域來獲取競爭優勢。在製造業工作的65%和76%的員工也正在從事服務工作，如研發、維修、設計等。可見，當今領先的製造商都是在其傳統製造業務上透過增加服務從而獲取競爭優勢的，如果世界上的競爭模仿日益增加，那麼服務就是產生差異性的主要手段。服務經濟中的製造企業也越來越多地依賴服務並將它作為重要的競爭手段，製造業也會逐步服務化，服務成為當今全球經濟的主流之一。

服務業成為新技術的重要促進者，服務業的發展越來越離不開自身的創新活動。服務業對新技術的促進作用主要表現在以下幾個方面：

1. 服務業是新技術最主要的使用者，企業和個人對新技術的普遍應用為新技術的發明創造者提供了豐厚的回報，對新技術的發展起到了重要的推動。

2. 服務業指引新技術發展的方向，服務部門所產生的新的需求是現有技術研究和開發的方向，是新技術所追求的目標，對新技術的發展可視為重要的牽引作用。

3. 服務業是新技術最主要的推廣者，特別是從事技術服務和支援的服務業。

4. 服務業促進了多項技術之間的相互溝通和發展，例如運輸和倉儲業就直接融合了運輸工具、倉儲管理和資訊技術多個領域。

　　服務業對新技術的促進作用和服務業自身的研究開發密不可分，服務業的發展越來越需要研究和開發的支援。服務業研究開發的費用在所有研究開發費用中的比重在過去10年中不斷上升，而同時，製造業所占比重減少就說明這一點。幾乎所有國家中，製造業的研發費用下降了，而服務業的研發費用上升；數據顯示，除了個別少數國家的比重下降之外，多數國家服務業部門的研發費用比重呈現出明顯的上升趨勢。

2-4　服務業科技應用

　　何謂服務業科技應用？相信許多人對於這個名詞仍感到陌生。以往產業界多著眼於降低成本、提高效率，藉此提高獲利。但隨著全球化時代來臨，產業面臨微利化的挑戰，企業也應該將目標由以往的技術導向，轉變為重視了解消費者需求。瞭解消費者需求之後，再從現有的技術中，尋找可資應用的技術，或者促動新科技研發，並藉由技術與服務整合，開創新的服務模式，以提高產業價值。未來消費者對舒適、方便和商品的差異化要求，將隨著社會發展而越來越升高，是產業創造價值的新契機。

　　工研院服務業科技應用中心（簡稱服科中心）成立於2006年1月1日，目標即以服務需求探索、商業模式創新、應用科技加值、行銷推廣運作等，為服務業開創新價值的卓越組織。

新加坡貿工部制定「服務業2030願景」，於 10年內將現代服務業產值提升逾50%

新加坡貿工部(MTI)部長顏金勇於2023年2月28日出席國會撥款委員會審查就該部預算支出會議時，宣布制定星國「服務業2030願景」，於 10年內將現代服務業產值提升逾50%，創造逾10萬份新工作機會。

新加坡服務業極為龐大，其產值占國內生產毛額(GDP)約70%，該產業群涵蓋多樣化，包括資訊通信及專業服務等外向型產業，及零售貿易及餐飲服務等內需型領域。

推動服務業發展是「新加坡經濟2030(Singapore Economy 2030)願景」4大支柱之一。新加坡貿工部已於2022年國會撥款委員會會議宣布製造業、貿易及企業等3大支柱的發展策略。

「製造業2030願景」推出以來，取得顯著進展，2022年該產業增值較2020年成長逾15%。在半導體業投資項目推動下，2022年製造業固定資產投資總額創170億星幣（126.1億美元）新高，預計在未來5年創造逾4,600個工作機會。

依據「服務業2030願景」，新加坡將把握數位化及永續領域的成長商機，鞏固星國作為商業、生活時尚及旅遊業樞紐的地位。配合該願景，顏金勇部長宣布推出「更新版2025專業服務業產業轉型藍圖(ITM)」，訂下目標於2020~2025年之間，協助專業服務領域產值每年成長3~4%，預計自2020年的230億星幣（170.6億美元）增加至2025年的270億星幣（200.27億美元），每年創造3,800個新的「專業人士、經理、執行員及技師(PMET)」工作機會。專業服務領域是現代服務產業群之一，另兩項領域為金融服務及資訊通信技術暨媒體服務。專業服務業涵蓋範圍廣泛，包括企業總部及諮詢、法律暨會計等。

新加坡貿工部兼文化、社區及青年部政務部長陳聖輝表示，「2025專業服務業產業轉型藍圖」策略，包括強化新加坡對區域及全球總部的吸引力、鼓勵數位化及改善生產力，重新設計工作及提升勞動力技能等。為協助星國現有企業總部改善內部運作，新加坡經濟發展局(EDB)在營銷及金融與會計等兩方面制定線上評估工具，協助業者評估運作，並提出重新設計職能的建議。

另新加坡政府將協助推動專業服務領域的中小企業數位化，業者可利用「生產力提升計畫」(Productivity Solutions Grant)、「企業發展計畫」(Enterprise Development Grant)及「首席科技官數位諮詢服務」(CTO-as-a-Service)等平臺加速數位化。同時，由於全球監管的發展趨勢，以及利益相關者在氣候變遷議題上向企業施壓，預計市場對

與永續相關的專業知識需求將增加，星國政府將協助民眾提升該技能，掌握綠色經濟帶來的商機。

資料來源：產經消息，https://investtaiwan.nat.gov.tw/doisNewsPage?lang=cht&search=481774&source=foreign，2023.01。

問題與討論

1. 現今文化上不再是臺灣民眾單向登陸，開放大陸觀光客來臺也讓對岸掀起「臺灣熱」，兩岸人民變得很靠近。而臺灣服務業是否能掌握新契機是個重要的議題。你認為臺灣服務業在未來的十年趨勢會有怎樣的變化？

2. 中國的企業改造，朝向更高資本、更低勞力密集的產業進行。而工資開始進入成長的趨勢，更意味著中國第三產業（服務業），將會有更實質性的高度成長，消費將隨後扶搖而上，競爭力也跟隨增加，我們是否具備著什麼樣的優勢去抗衡這波服務業全球化的趨勢？

CHAPTER

服務管理的原則

3-1　製造業與服務業之管理

3-2　服務導向策略

3-3　服務管理的意義與觀點

3-4　服務管理的原則

SERVICE
MANAGEMENT

3-1　製造業與服務業之管理

　　服務不是只屬於服務業，幾乎每一個行業（包含製造業）都需要提供顧客服務(customer service)，如消費諮詢、申訴處理、技術訓練、維修保養等。至於製造業者提出「我們是服務業」的說法，有些是因為企業轉型成以服務為核心業務及利潤來源，有些則是要突顯顧客服務的重要性。

　　服務業管理所牽涉的範圍相當的廣泛，包含了基礎五管：生產作業管理、行銷管理、人力資源管理、資訊管理、財務管理等，這五管是互補互成、環環相扣的。這基礎五管都有其四要素，包含：管制、政策、組織、領導。服務業管理跟自然情境、四素五管（亦或是加上品質管理成為六管）脫離不了關係。也有很多的學者以及專家建議將消費者行為與顧客關係也加進去。

一、傳統的管理思維

　　對製造業而言，依循以前的管理方式或思維是可行的，因為消費者並未介入後場流程(back office processes)。包括：

1. 降低營運成本、人事成本、管銷成本等。

2. 增加行銷預算，盡量打廣告來增加顧客消費。

3. 強化研發能力，增加產品本身的優勢，卻忘了品質好壞仍需口碑。

二、效率構面

　　效率構面分為內部效率與外部效率。內部效率指產出之單位成本，如生產力；外部效率指顧客對公司之營運及產出之認知，如行銷力、執行力等。

三、服務業管理之陷阱

　　服務之消費或使用特性，包含：流程消費(process consumption)、共同生產者(co-producers)、獎勵錯誤行動、了解內部與外部效率間的相互關係。常見的迷思是裁減人員、雇用凍結，以更高度的顧客自助式服務，由機器取代人力。以為降低了人事成本，卻忽略服務品質可能因此下降。

　　其次，以製造導向的方式發展流程，在顧客無法介入後場流程時是適當的，但別忘了服務業中的消費者是「流程消費」與「共同生產者」。如：歌手演唱會中，消費者享受音樂，即是「流程消費」。藉由與歌手的互動，成為「共同生產者」。

　　此外，應該獎賞的是消費者認知中重要且對其有價值的事，而非獎勵消費者不重視的部分。另外，由於內部效率可能導致外部品質之負面影響，故須充分了解內部與外部效率間的相互關係（參見圖3-1）。

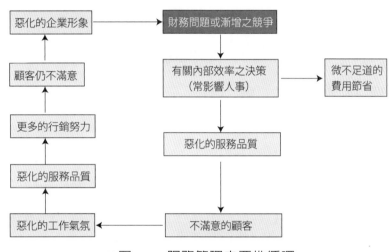

❤圖3-1、服務管理之惡性循環

四、製造業及服務業之特性差異

　　依據服務本質、獲利驅動力、管理焦點等層面，整理製造業與服務業之特性差異，如表3-1所示：

➡ 表3-1　製造業及服務業之特性差異

比較層面	製造業	服務業
服務本質上之差異	結果消費(outcome consumption)	流程消費(process consumption)
獲利驅動力上之差異	內部效率、資金及勞動生產力	外部效率、顧客認知品質
管理焦點上之差異	規模經濟(scale economies)，藉由標準化之產品的大規模生產以降低成本，提升生產力	市場經濟(market economies)，藉由更密切、更徹底的顧客導向以提升競爭優勢及獲利

PART 1

3-2 服務導向策略

一、利潤方程式

（一）傳統之利潤方程式（圖 3-2）

1. 實體產品之生產與經營管理被視為是產生費用的主要來源。

2. 行銷組合中的4P策略被視為是創造收入的主要方式。

3. 內部效率與外部效率之間的相互關係是不存在的。

（二）服務管理之利潤方程式（圖 3-3）

1. 外部效率與內部效率考量是同時發生的。

2. 有些生產與經營管理活動中的功能對收入及成本皆有影響。如：顧客直接接觸服務流程而產生的「互動」功能，間接影響認知品質之倉儲、資訊處理及其他後場活動之「支援」功能。

3. 行銷活動不再是唯一對收入負責的活動項目。

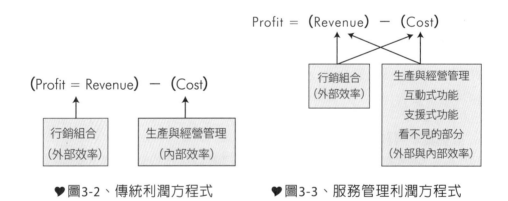

♥圖3-2、傳統利潤方程式　　♥圖3-3、服務管理利潤方程式

二、服務導向

　　「服務導向」代表高服務成本，會採用高定價策略。因為惟有較高的毛利，才有足夠的利潤空間來提供會員高品質的服務。會員數量不能多，太多會影響服務品質，也無法創造高價格定位的稀有感。

　　體驗經濟時代，在全方位共創價值的即時環境中，如圖3-4所示，企業經營必須擁有自己的核心經營能力，將企業的資源、資訊、專長與科技移轉等投入要素做有效的策略性系統整合。並要在隨需應變（即時的靈活互動）前提下，策略透過流程（過程）─價值鏈有效的展開，經由驅動者及加持者不斷增進面對動態環境力爭上游的應變能力。產出須經監督管制的機制來核對與矯正（作業面的改善），展現在顧客面前的成果，須經該階段的顧客滿意度衡量的機制，來進行單循環的作業面的改善，抑或雙循環的策略面的創新。在共創價值環境中，顧客關係管理及共創價值的市場論壇（開放性創新）將價值主張裡的顧客親密度、產品／服務領導及作業卓越做整合，確切掌握顧客價值的趨勢。而後，再進入顧客價值分析的機制，以為洞窺顧客價值走向，引導（教育）顧客價值觀，做為下一階段策略性創新的有力準備，週而復始，讓顧客永續的全面滿意，使得整體價值鏈成為企業獲利的保證。

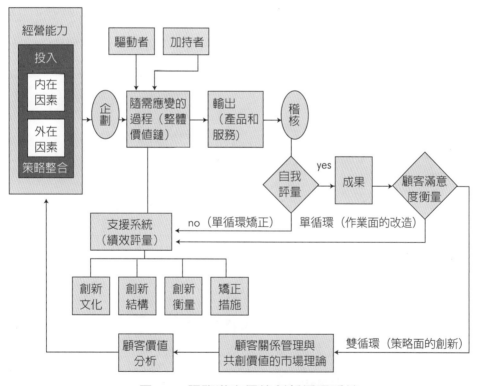

♥圖3-4、服務導向價值創新循環系統

　　想要讓行銷發揮功效，就得了解顧客購買以及使用產品的情形，顧客和企業是在找尋能夠完成日常工作的產品，也就是說，顧客因為需要完成日常某件工作才會開始找尋能讓他們以有效、迅速、便宜的方式完成工作的產品。以這個角度來說，主要

構成顧客購買情境的關鍵是工作的功能、情感以及社會因素。由此可知，在做市場分析時，要分析的對象不是顧客，而是顧客所處的情境，也只有這樣才能推出成功的產品。

　　服務導向之方法有以下四個重點：

1. 成本考量及內部效率不該左右公司的策略思考，管理階層應該專注與顧客互動及顧客關係。

2. 外部效率及服務品質應該視為第一優先，有助於改善顧客認知品質。

3. 必須對顧客關係更為了解、對顧客如何認定品質更為了解、對服務流程之過程更為了解。而通常改善服務品質並不需要大幅增加額外之費用。

4. 服務導向之流程。（圖3-5）

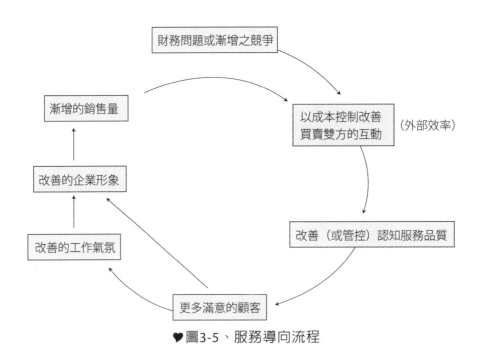

♥圖3-5、服務導向流程

三、服務管理中之顧客關係

　　資訊科技的日新月異，又加上服務業正面臨競爭激烈的市場環境，企業推出的各類服務產品的品質也在消費者的要求下相對提高了。消費者除了希望有形的商品能夠以合理的價格購買之外，也希望從交易的過程中獲得更多的高品質服務以及個人的尊

重。要提升服務績效的有效策略是建立以顧客為導向的文化，在服務業中，具有高度顧客導向的員工有助於增進顧客滿意的行為。

因此，一家公司想持續提供高品質的顧客服務，建立有效的內在文化機制是相當重要的。又因為服務有異質性、無形性，以及不可分割的特性，讓顧客導向在服務業中更顯得重要。因此，另一個可以讓公司和員工目標一致並且達成服務績效的途徑即為文化。整體來說，服務不應該只是被視為促銷手段的一種，應該同時實施顧客導向的服務策略，以獲得顧客滿意度以及顧客忠誠度，進而最終獲得應有的利潤與企業長期的發展。

以服務行銷實務來說，顧客導向的服務策略並不是就一定能讓所有顧客百分之百的滿意，也不是一定能滿足顧客的所有需求。會導致服務業失敗的原因，通常在於用錯了服務策略，所以不容易塑造出有價值感的服務。

因此，在選擇服務策略時，千萬不要有想要讓所有的顧客都能百分之百滿意的念頭，也就是說，產品的定位、市場的區隔與定價的差異化這些仍然是必要的配套策略，顧客的問題以及滿足所有顧客需求並非導入顧客導向就能解決。如果服務人員誤以為，讓所有的顧客感到百分之百滿意就是最好的服務，結果反而會導致更多的顧客不滿意，即使只是針對單一的顧客，也不可能讓他百分之百的滿意，因為顧客的期望與需求不停的在改變，因此，服務品質永遠都有改善的空間。服務業如果能在傳遞的過程中，讓員工具備以人為本的價值觀服務，將會帶給顧客真正的感動，這樣的無形文化促成了服務人員的服務態度以及服務方式的改變，能使顧客感覺到不同的服務經驗以與優越性的感動。藉此建立了企業的競爭優勢。

（一）顧客利益與服務

對顧客而言，

1. 良好的服務對顧客指的是某些利益。顧客會比較各公司所提供的服務，並將之視為利益且計算之。例如：電腦或手機提供可靠、及時的維修服務，因而降低顧客停工成本。

2. 良好的服務可以提高顧客的信賴，有助於雙方長期合作關係的維持。例如：賣方始終準時交貨，提供優越的技術服務。以客戶利益為優先，在某個角度而言，即是降低顧客的成本。

3. 服務品質上升後，可有助於降低關係成本。亦即，與顧客接觸可用較少的人員，而使人力成本降低；與顧客接觸可用較少的時間，而使時間成本降低；與顧客接觸在心理上覺得較不吃力，而能增加員工處理其他工作之時間與能力。

（二）提高顧客服務的影響力

如何藉由服務，提高顧客服務的影響力？其目的係與競爭對手進行「服務差異化」的附加價值。

1. 增加新服務，以提高服務的影響力

(1) 新服務：如諮詢服務、資訊服務、維修服務、軟體開發、網站等。

(2) 權衡成本的增加與預期的新收入。當成本增加小於預期新收入時，新服務才有價值。

2. 活化現有卻看不見的服務，以提高服務影響力

(1) 現有卻看不見的服務：如接單、送貨、索賠處理等。

(2) 此類服務已存在既有顧客關係中，但其影響力甚至比提供新服務更為強大。

3. 將商品之成本轉成服務，以提高服務之影響力

(1) 商品之組成彈性化與量身訂作，如：供應鏈中越來越常見「當地組裝」。

(2) 實體產品轉變成客製化的服務，如：現場烹煮的鐵板燒，廚師詢問客人口味。

顧客的反應讓企業更有機會了解顧客的想法，同時也是再度挽回顧客滿意度的機會，因此，顧客導向的企業必須要重視顧客反應的處理。也必須要了解與取得相關的趨勢情報，以利進行各項行銷組合活動，以便回應顧客的需求。

3-3 服務管理的意義與觀點

消費者在現場接受服務，代表服務的生產與消費同時發生，而且服務一旦產生，就無法儲存。另外，服務業容易受到現場多種因素（如服務人員、其他顧客）影響，品質不易控制而顯得易變。下面分別討論這四大特性的意義、帶來的問題，以及它們在行銷與管理上的意義。

一、服務管理之意義

1. 藉由顧客之消費或使用服務的過程中，理解顧客得到的價值。例如：顧客想要什麼？

2. 了解該價值如何隨時間而改變。例如：顧客現在要什麼？顧客未來要什麼？

3. 了解組織如何能夠生產、遞送此種價值，包括：人員、技術、資源…等。

4. 了解組織如何達成此價值並滿足顧客的目標，亦即組織必須做到三件事：

   (1) 找尋顧客之認知品質與價值。

   (2) 如何為顧客創造價值。

   (3) 如何管控組織，運用所有資源，以達成上述價值之創造。

二、服務管理之觀點

1. 從以「產品」為基礎之價值變為「顧客關係」的總價值。

2. 從「短期交易」變為「長期關係」。

3. 從「核心產品」品質轉為長久顧客關係之「全面顧客」認知品質。

4. 從組織主要流程的「技術」解決方案之生產與製造，變為以「全面認知」品質與價值之發展為主要流程。

三、服務管理之功能

（一）新服務經濟學的核心──員工 & 顧客

　　傑出服務組織中的高級主管們了解在新的服務經濟學中，前線工作者及顧客才是管理所需關注的核心，因此他們投注極少量的時間在設立盈利目標或把市場占有率當作重點。管理者所關心的是，在此一新的服務模式中足以開創利益的因素，也就是投資工業技術和人力來支援前線工作者、改造新員工、實施訓練等。

　　當服務公司把員工和顧客視為最重要時，他們經營及評估成功的方式將有急速的轉變。新的服務經濟學需要創新的測量技術，來標準測定員工對於產品和服務價值的滿意度、忠誠度、以及生產力；如此管理者才能建立顧客滿意度和忠誠，並評估其在利益和成長的相對影響。事實上，忠實顧客的價值是相當大的，尤其是再加上顧客的好印象和重複購買相關產品。

　　「服務價值鏈」發展自成功的服務組織之分析，可幫助管理者建立新的投資管道，以發展最有競爭效力的服務和滿意度水平，並拉大和競爭者之間的距離。

（二）服務價值鏈

　　服務價值鏈建立「利益」、「顧客忠誠度」和「員工滿意度、忠誠度、生產力」三者之間的關係。其連結關係為：顧客忠誠度刺激營利和成長；忠誠度是顧客滿意度的直接結果；滿意度則主要源自服務的價值；而價值之創造乃源自員工的滿意度、忠誠度和生產力。在員工方面，則是需要高品質的支援服務和政策以增進其滿意度。

　　服務價值鏈也可以領導者的本質定義之。優良服務公司的高級主管強調員工及顧客的重要性，對他們而言，顧客和員工的並不是每年管理會議中無意義的標語。所以無論在任何時間、地點，都應保持與員工及顧客的互動。再者，看待事物也不可全憑量化因素，否則將忽略其核心。

（三）顧客忠誠度→利益與成長

　　近來，軟體、銀行業等服務業的新測量結果顯示，顧客忠誠度是營利的重要決定因素。根據 Reichheld & Sasser 的估計，顧客忠誠度只需成長5%，即可創造盈利成長率達25%至85%。由此可知，顧客忠誠度的成長值，應獲得與市場占有率同等的重視。

（四）顧客滿意度→顧客忠誠度

　　目前主要的服務公司都嘗試將顧客滿意度量化以評估之。以Xerox（全錄複印公司）以5到1五個等級，每年針對固定的48萬名顧客進行滿意度評估。該公司雖然在1993年獲得全為 4s（滿意）及 5s（非常滿意）的結果，但1991年卻有一份報告指出滿意度和忠誠度之間仍有一定的距離，也就是說唯有顧客給予 5s 的次數越多，其購買的可能性才越大。再者，有一點相當重要的，就是要避免「恐怖份子」的產生，所謂恐怖份子就是不滿意的顧客，他們不但會利用各種機會抱怨不佳的服務，甚至會通知親朋好友聯合抵制。

（五）價值→顧客滿意度

　　現今的顧客有很強烈的價值導向，所謂「價值」包括所有的費用及取得服務應付出的代價。以保險公司Progressive Corporation為例，該公司便是藉由快速處理顧客需求來創造價值，以增進顧客的滿意度。Progressive Corporation成立CAT小組（救災小

組），以最快速度抵達災難現場，提供交通工具、住宿等支援服務，並迅速滿足顧客的要求。最值得一提的是，該公司以「為顧客節省花費」為宗旨，也因此為其贏得廣大的顧客群。

（六）員工生產力→價值

在美國的Southwest Airline，顧客的價值認知是相當高的。雖然Southwest沒有指定座位、提供餐點，但是其準時的服務、友善的員工以及較低的票價，都贏得顧客更高的評價。而Southwest的主管之所以能夠了解顧客需求，而制定這些經營策略，便是透過該公司14,000名員工每天與顧客接觸的經驗報告中獲得。

（七）員工忠誠度→員工生產力

傳統估計損失的測量值是招募、雇用、訓練員工的花費；但在今日多數的服務之中，則是將生產力的損失及顧客滿意度的降低視為真的虧損。在最近的一項研究中顯示，汽車經銷商如以一位不足一年經驗的新手替補一位已有五年銷售經驗的老將，每個月平均會虧損36,000元。而這種現象在保險業裡更顯嚴重，必須花五年的時間才能與顧客重新建立關係。

（八）員工滿意度→員工忠誠度

根據1991年針對保險公司員工的調查顯示，30%對公司不滿意的員工會有離職的意圖，且其流動可能性高達滿意員工的三倍。而這項調查也指出，較低的員工流動率和顧客的高滿意度有相當密切的關係。前述的Southwest Airlines，目前號稱全國十大最佳工作地點，便印證此項調查結果。

（九）內部品質→員工滿意度

工作環境的內部品質會影響員工的滿意度，所謂內部品質是指員工對工作、同事及公司的印象。以美國的USAA為例，電話推銷及服務售貨員背後都有一套精密的資訊系統支援，當他們一接到顧客的電話，便可立即從系統中得知顧客的完整資料。此外，該公司的員工也能接受到許多的訓練課程，這些工作條件都有利於其滿意度的提升。

內部品質也可以是組織內成員彼此間的對待方式及相互服務的態度定義之。以ServiceMaster為例，該公司便努力提升服務工作者的品質及地位，強調「通俗性」工作的重要性。ServiceMaster每年分析清潔、保養工作的處理過程，企圖減少完成工作所需花費的時間和精力。更發展出清潔醫院病房的七步驟，由第一步的問候病人到最

後步驟的詢問病人需求，讓服務工作者可從中習得溝通技巧，並與顧客有良好互動，進而增進其工作的深度和重要性。

（十）領導者強調服務價值鏈的成就

了解服務價值鏈的領導者將以服務顧客和所屬員工為發展、經營公司文化的核心，因此他們會表現出「傾聽」的意願和能力。成功的領導者會花大量的時間與顧客及員工相處，藉由實際參與服務過程來了解顧客的建議，同時也會利用時間來選擇、追蹤、認識員工。

對傑出員工的一般認知是源自於公司文化，多數人將此一文化視為已知的，無法改變的。但如果你是公司的經營者，你將有機會決定公司文化的形成，也就是說，當你在為服務、分析、決策等做努力時，員工將會為你奮起應付挑戰。

（十一）服務價值鏈在管理活動中的相關環節

當許多組織開始評估服務價值鏈中各個要素的關係時，只有少數將其連結關係以有意義的方式陳述，並產生可達成永久競爭利益的策略。

根據1991年一項針對保險公司的研究顯示，員工的工作滿意度主要視其滿足顧客需求的能力而定。也就是說，當員工認為其有能力滿足顧客需求時，其對工作的滿意度將比自認沒有能力者高出兩倍。而在此一研究中，也指出一項重要訊息，當服務工作者離職時，顧客滿意度將從75%迅速落至55%。因此，管理者應試著減少員工的流動率並提升其工作技能。

服務業者為了提升品質與創造價值，必須先掌握服務業的基本概念，然後深度了解消費者的心理與行為，接著才規劃與執行行銷策略與管理工作。其中，對消費者的了解相當關鍵，因為相對於製成品，服務涉及較為頻繁的人際互動，而且許多服務行銷與管理的任務都是為了增進顧客關係、創造難忘體驗、提升顧客滿意度等。以航空公司為例，大部分的航空公司都會對最有利潤的顧客提供最方便的服務，當服務人員確認了顧客的身分，顧客即可得到與一般不同的服務。所以對某些組織來說，他們會為特別的顧客設置與一般不同的服務內容。

提供服務的業者必須了解顧客的角色扮演為何？在服務的過程中，顧客是否有參與服務的產出，是否為服務的一部分，將是管理問題的關鍵。因此，在服務行為中，服務人員和顧客之間的互動同樣是管理的一項重點。還有另外一項重點是顧客必須到

服務設施場所，還是服務人員必須到顧客所在的地方提供服務，都是服務價值鏈重要的考慮環節。

3-4 服務管理的原則

1. 利潤方程式與企業邏輯(profit equation and business logic)

利潤方程式不再是內、外獨立，而是交互影響。而企業邏輯轉變為顧客認知之服務品質才是利潤的主要來源，這須藉由完全整合內、外部效率方能達成。

2. 決策權限(decision-marking authority)

決策權力盡可能下放至接近組織及顧客之介面，但一些策略性之重要決定仍須由中央管理。

3. 組織焦點(organizational focus)

組織之結構與運作係以「動員資源、支援前線」為首要目標，所以，組織結構通常需要一個無多餘層級的「扁平式」組織。

4. 監督控制(supervisory control)

經理人與主管專注於鼓舞、支援員工，且可能需要一些立法控制程序，但越少越好。

5. 獎賞制度(reward system)

創造顧客認知品質，該是獎賞制度之重點，雖然顧客品質之所有相關層面未必都能納入獎賞制度，但都需要考慮。

6. 衡量焦點(measurement focus)

顧客對服務品質之滿意度該是衡量成效的焦點，為了監測「生產力」與「內部效率」，可能也需要使用內部衡量標準。

顧客有很多種，應該先滿足哪種顧客的需求呢？公司經營的一項重要指標就是提升顧客的滿意度，那麼誰提供讓顧客滿意的產品和服務呢？員工當然是最重要的媒

介。因此，滿足顧客的前提須先讓員工在工作場合感到愉快，建立共同的願景，找到正確的人員提供服務，持續不斷的教育訓練以及創造獨特的企業文化等，公司的成功並不是單單靠管理者一個人努力就足夠，而是所有的員工所創造出來的結果。

1. **面笑（臺語）**：以餐飲為例，顧客都是抱著一顆愉快的心情前來用餐，你的微笑很容易得到顧客的共鳴，使顧客及自己的心情愉快，隨時隨地都要將微笑掛在臉上。

2. **嘴甜（臺語）**：找出每一位顧客值得讚美的地方，例如：衣服、髮型、氣質、給予真誠的讚美，一句具體真誠的讚美，可以讓對方深深的記得你。

3. **腰軟（臺語）**：以謙遜的態度、優雅的肢體語言，表達你對顧客的尊崇，去感動每一位顧客，將顧客以貴賓、好友相待，你一定會得到相同的回報。

4. **腳手快（臺語）**：用最高的敏感度，察覺顧客的需求，並以最快的速度去滿足他，顧客一定會對你的細心與專業，敬佩不已。

5. **目色利（臺語）**：在顧客提出之前，滿足顧客需求，就是顧客感動的關鍵，善於觀察顧客表情與肢體語言的習慣，就可以做到「目色利」的最高界。

中小型旅館的創新經營－商旅

一、前 言

　　我國的旅館業隨著經濟的成長而有蓬勃的發展，面對國內、外需求之成長遲緩，以及大型國際觀光旅館之興起，中小型旅館如何經營，方能吸引品質期望越來越高之顧客，以及日趨激烈的競爭趨勢呢？

二、旅館之定義

　　根據2022年《發展觀光條例》第2條第7項與第8項，觀光旅館業係指經營國際觀光旅館或一般觀光旅館，對提供顧客住宿以及休息等相關服務之營利事業。

三、觀光旅館業的營運情形

　　來臺旅客之目的主要可以區分為觀光、業務需要、探親等。

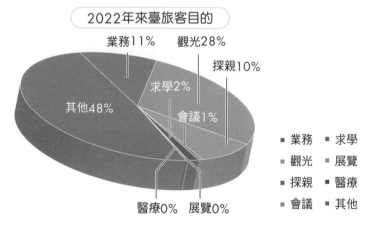

♥圖3-6、2022年來臺旅客之目的區分圖

資料來源：交通部觀光局，2023。

　　觀光旅館分為國際觀光旅館與一般觀光旅館，10多年來，臺灣國際觀光旅館不論家數或是客房數大致上都呈現成長的情形，由1990年的46家，2004年時增加到61家，2023年9月，共有73家，20,109間客房。相較之下，一般觀光旅館之家數及房間數均呈現先降後升傾向，由1990年的51家，2004年時縮減到26家，2023年9月微幅提升為45家，6,795間客房。

四、經營策略與管理方式

商旅將本身定位為針對個別商務旅客的精緻旅館，針對這一目標顧客群來進行整體的規劃，創造合於所求的價值。商旅的經營者認為，不是所有的客人所要求的都必須具備，因為沒有一樣服務可以滿足所有的客人，每一樣產品都有其訴求，只要找對客人就好了。

如一位旅館業的名人所言：「旅館是由人與建築物所組成 (A hotel is made by men and stone)。」意即服務人員與旅館設施是顧客與旅館接觸主要的兩方面。商旅特色為人文與科技的結合，並以 "Art Deco" 為基調，而空間是針對顧客的需求而進行設計的。此外尚有資訊區，有各類資訊設備。

五、集中策略，僅從事最具競爭優勢的價值活動

商旅以小而精緻的特色與大型觀光飯店媲美，因此必須將資源分配置於最關鍵性的價值活動上，商旅的經營者認為應全力提升顧客住宿上的滿意度。商旅本身並不具有兼營餐飲業的優勢，再加上商旅的硬體空間並不大，且餐飲業所需的人員較多，而商旅附近已有知名餐廳，可與其策略聯盟，其他如SPA的服務也是與專門業者策略聯盟。這樣不僅可以節省許多人力資源，並以最精簡的人力與最有價值的設施達到五星級的住宿品質。

六、報導以及旅展為主要行銷方式

商旅並不主動打廣告，而是藉由飯店本身的特色與品質，吸引雜誌、書籍、新聞等各種媒體主動來採訪報導，這些媒體的公信力，比商旅自己打廣告更具宣傳效果，同時也節省了廣告支出的費用回饋給顧客，提供最優質的服務。

七、周延而貼心的服務文化

商旅灌輸員工以主人的心來服務顧客的觀念，因而要員工多觀察客人的需求，主動的給予協助。如在早餐吧服務時，記住每一位客人的偏好，而在下一次服務時就能給顧客驚喜與貼心的感覺，藉此讓服務人員認識客人，也讓客人認識服務人員。因為彼此的認識，使客人有親切的感覺，而願意再度光臨，因此貼心的服務同時也具有行銷的效果。

員工要去思考自己是憑藉什麼去服務顧客，因為許多顧客的歷練與社會地位都比身為主人的員工來得高，要服務一個見識比自己廣的客人是不容易的，因此在服務時要以一顆謙卑的心來對待。經營者認為飯店最主要的是需要用心去經營，並培養良好的文

化，商旅希望能塑造出「每一個員工都是主人」的飯店文化，讓顧客了解飯店的經營用心。

八、全員多能工的培訓制度

商旅的經營者認為其本身的企業運作模式比較特殊，並非其他五星級旅館的經驗即可移轉使用，所以在招募員工時，通常喜歡選擇無經驗、充滿熱誠但不熟練的新手。但對於幹部、主管等職位，還是選擇有經驗的人。商旅都透過每天的晨會以及各種工作的督促，來灌輸員工特有的服務文化。

九、商旅的創新與來源

商旅業者認為，若沒有創新，根本就無法生存。但如何產生新的觀念和作法呢？又如何落實創新？如何使創新變成源源不絕的活動呢？

就創新的點子來源方面，要員工仔細地觀察顧客的生活起居，體會顧客的需求。業者認為飯店是個奢侈的行業，業者要常常吃好、住好，才能給顧客最好的東西，如果不這樣，怎能體會顧客的想法呢？因此，高級主管會到國外去看展覽、參觀旅館、享受一流飯店的服務。在過程中互相溝通、討論，經由這種互動與共同學習的過程，創新的主意自然就較容易實行。

十、未來展望與挑戰

近年來中國大陸觀光旅遊業快速成長，使得各國對於懂中文的人才需求量增加，而商旅有更多與國際旅館合作的機會。商旅認為除了語言相互支援與學習外，更重要的是要能夠了解各國當地的文化，以提供貼心的服務。

十一、持續創新，創造差異化

商旅創造了亮眼的表現是由於它的創新，面對許多競爭業者的跟進，商旅需要不斷的創新來創造與同業間的差異化。領先競爭對手，創新需要投入其許多的心思以及成本，在服務上為顧客帶來更多的價值外，同時也為旅館帶來益處。如「行動生活無線網路系統」的建置，除了「行動服務」提升了顧客服務的層次，「行動管理」也有助於旅館未來擴張時管理效率提升，商旅的創新帶動同業的模仿，提升了產業的整體品質。

資料來源：張素華(2008)，服務業管理個案第四輯。

問題與討論

1. 從個案中請指出永豐餘公司所擁有的實體產品與創造出的無形服務各為何？

2. 請從網路或其他資訊管道尋找，與永豐餘一樣從傳統製造業邁向製造服務業的相關案例，並簡述之。

服務業的
內部管理

Chapter 4 ｜ 服務的人員管理

Chapter 5 ｜ 服務的品質管理

Chapter 6 ｜ 服務倫理

Service
Management

CHAPTER  **04**

服務的人員管理

4-1 服務人員應有之特性

4-2 人員招募與遴選

4-3 人員訓練

4-4 人員授權

4-5 衝突管理

SERVICE
MANAGEMENT

現代服務業的公司最大資產就是員工，漸漸看到一些企業願意在教育員工、激勵員工、員工福利等方面來滿足員工需求，也就是說服務業的人員訓練與需求已經成為不可或缺的祕訣之一。

本章會透過服務人員的重要性、人員招募與訓練、如何激勵員工，逐一介紹服務人員管理的面貌。

4-1 服務人員應有之特性

一、服務人員的重要性

IBM創始人Thomas J. Watson曾說過，「你可以用資本蓋一棟大樓，但你必須擁有人才方可建立事業」，可見人員的重要性是不容忽視的。顧客對服務的品質觀感與滿意度，除了受外部行銷與互動行銷影響外，組織做好內部行銷，就是在訓練服務人員正面發揮他們對顧客的影響力。所以在企業中，優秀的人力資源才是競爭力的來源，不僅可以提升公司的獲利，還可以提升員工士氣，減少離職率。但是在過去的實務發現了一件事，就是「人」是企業生產要素最難去控制的一個因素，因此在社會轉向經濟時代的今天，競爭的焦點已經把矛頭轉向了對人的關注，換言之，企業之間的競爭，實際上就是人與人的對決。

彼得‧杜拉克在企業的概念中曾明確指出，企業不是一部生產的機器，而是以人為本的組織體，對於人與組織的管理尤其重要於對機器設備的管理，因此領先提倡分權與授權的管理觀念。以人為本的人力資源策略正是透過對員工的關注、員工能力的釋放、員工主動積極性及創造性的激勵與協調，將員工置於服務的中心地位，引導員工以顧客導向的服務熱誠，充分滿足顧客需求，將能贏得顧客滿意與忠誠，以厚植服務業的競爭優勢。彼得‧杜拉克明確主張人是企業最寶貴的資源，並且指出經理人的重要職責就是激勵員工發揮潛能。

管理最終是要創造價值，不管是股東還是顧客價值，最終都需要員工來實現，正確的經營模式更需要人來支撐，所以「人」是最根本的，且關鍵是找對人。尤其因服務具有無形性、異質性、不可分離性和不可儲存等基本特性。服務的生產和消費是同時進行的，不只消費者參與了這一過程，服務業的員工也在過程中提供服務，企業對

顧客的服務必須透過員工與顧客的互動才能實現，員工在這一互動過程替顧客提供服務，而服務品質的好壞取決於顧客接受員工服務過程的感受。服務業應體認員工替顧客提供的短暫接觸過程中，員工的服務行為才是顧客體驗服務的真實過程。

這一個短暫接觸過程是企業難以直接控制的服務品質，因此為了從根本上提高企業服務品質，贏得服務優勢，企業必須更加重視員工（內部顧客），為其提供優質的內部服務，如此才能夠從根本上提高對外部顧客的服務品質。例如亞都麗緻飯店的管理模式，就和一般傳統金字塔型管理模式不同，亞都管理模式採用倒金字塔型管理模式，最上層是顧客，第二層是直接和顧客接觸的第一線服務人員，其次才是部門主管、經理、總裁。

二、服務人員應有的特性

（一）技術多樣性 (skill variety)

1. **工作所需的能力種類和技術水準**

   有研究指出，當工作多樣性較多，工作動機得以提升。

2. **第一線的服務人員應具有**

   (1) 良好的溝通技巧

   (2) 同理心(empathy)

   (3) 能應付突發狀況，適應不同情境

（二）任務辨別性 (task identity)

當工作績效可以越客觀的衡量時，工作動機也會上升。例如：健身中心、美容中心、瘦身中心皆有客觀的量化數字可以判斷。

（三）任務價值性 (task significance)

1. **工作對於組織貢獻之程度**

   (1) 當貢獻程度增加，工作動機也會上升。

   (2) 一般而言，第一線人員覺得自己工作的貢獻度高，而支援人員覺得自己工作的貢獻度較低。

2. **企業機器運轉不可或缺的螺絲釘**

PART
2

（四）自主性 (autonomy)

工作的自由和自主決定的程度。顧客導向的公司，員工的工作自主性較高。

（五）回饋 (feedback)

1. 上級主管所接受到對於其工作績效，直接、明確的資訊程度。

2. 實務上，服務人員往往收到的多是負面訊息。如：顧客抱怨。

三、服務利潤鏈

服務業的利潤是由什麼決定的？一般認為，服務利潤鏈可以想像成一條將「獲利能力、客戶忠誠度、員工滿意度和忠誠度與生產力」之間聯繫具迴圈作用的閉合鏈，其中每一個環節的實施質量都將直接影響其後的環節，最終目標是使企業獲利。

如圖4-1所示，簡單地講，服務利潤鏈告訴我們，利潤是由客戶的忠誠度決定的，忠誠的客戶（也是老客戶）給企業帶來超常的利潤空間；客戶忠誠度是靠客戶滿意度取得的，企業提供的服務價值（服務內容加過程）決定了客戶滿意度；最後，企業內部員工的滿意度和忠誠度決定了服務價值。簡言之，客戶的滿意度最終是由員工的滿意度決定的。服務利潤鏈理論提出，對於提高服務企業的營運管理效率和效益，增強企業的市場競爭優勢，能起到較大的推動作用。主要顯現在三個方面：

1. 服務利潤鏈明確指出顧客忠誠與企業獲利能力間的關係。這一認識將有助於管理者將營運管理的重點從追求市場規模的大小轉移追求市場的品質，真正樹立優質服務的經營理念。

2. 顧客價值方式為管理者指出實現顧客滿意、培育顧客忠誠的思路和途徑。服務企業提高顧客滿意度可以從兩個方面著手：一方面可以透過改進服務，提升企業形象以提高服務的總價值；另一方面可以透過降低生產與銷售成本，減少顧客購買服務的時間、精力與體力消耗，降低顧客的貨幣與非貨幣成本。

3. 服務利潤鏈提出了「公司內部服務品質」的概念，它表明服務企業若要更好地為外部顧客服務，首先必須明確告知「內部顧客」——公司所有內部員工服務的重要性。為此，服務企業必須設計有效的報酬和激勵制度，並為員工創造良好的工作環境，儘可能地滿足內部顧客的內、外在需求。服務創造價值已成為公理，服務究竟如何創造價值，服務利潤鏈的觀念認為：利潤增長、顧客忠誠度、顧客滿意度、顧客獲得的產品及服務的價值、員工的能力、滿意度、忠誠度、勞動生產率之間存在著直接、牢固的關係。

綜合以上一些觀點來看，員工乃是所有行銷活動的主體，唯有滿意與忠誠的員工才能為顧客創造價值，贏得顧客口碑與重複購買，讓公司享有成長與獲利的競爭優勢。以西南航空公司來講，公司原則是「員工第一，顧客第二，只有快樂的員工才有滿意的顧客」，西南航空為美國主要航空公司之一，也是世界最大的廉價航空公司。該公司的傳奇領導人赫伯・凱萊赫(Herb Kelleher)永遠把員工擺在第一位，即使有時候甚至必須得罪旅客，也是如此。換言之，西南航空寧可奉勸過於苛求的旅客，改搭其他航空公司的班機，也不要員工受辱，形成良好的團隊與向心力，成為模範的標竿。

服務價值鏈

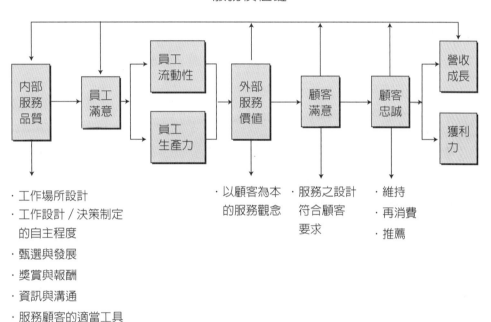

· 工作場所設計
· 工作設計 / 決策制定
　的自主程度
· 甄選與發展
· 獎賞與報酬
· 資訊與溝通
· 服務顧客的適當工具

♥圖4-1、服務利潤鏈模型

4-2　人員招募與遴選

　　人力資源規劃的結果往往呈現了組織人力資源的狀態，當然人力資源短缺時，招募新進人員是最直接的辦法，而當人力資源過剩時，則要從事人員遣退，減少組織的人事成本。在一本財經雜誌曾提到，許多企業發現一個員工離職之後，從招募新人到順利上線，光是替換成本就高達離職員工薪水的1.5倍。所以說如果僱用到不佳的員

工,除了浪費人事成本外,更可能影響組織風氣,導致工作不彰等負面影響。因此,如何利用時間,招募到對的人,則必須要重視組織招募與甄選工作。

一、招募的意義和方式

所謂招募是企業在面對有人力需求時,經由各種內部與外部的媒介來吸引一些有意願又有能力的人來應徵的活動。由於招募是建立企業人力資源的第一步,因此在過程中,人力資源單位的招募人員必須十分清楚的了解所需人才的數量和類別以及所選擇的招募方式,應提供何種報酬來吸引人才等,才能找到最適合組織聘用的人才。

(一) 招募途徑分為七種

1. 內部員工調任

優點:能迅速填補空缺,較無企業文化適應問題,亦較能滿足員工期望(意願)。

缺點:原部門仍須另外招募人員,或原工作須由現有人員分擔。

2. 企業員工推薦

優點:能節省媒體刊登的費用;已先經過員工篩選,較易適應,具正面價值。

缺點:如果是單純認識的「牽線」,有點像是「走後門」,那可能對公司的利益價值不大。

3. 報章雜誌刊登

優點:從廣泛接觸層面來說,報章廣告算是相當便宜的宣傳媒介。

缺點:以多數人來說,看到報章雜誌刊登應徵資料,只是略略看過的機率可能很大。

4. 人力資源公司／網路

優點:人才來源較為廣泛,若是人力資源公司推薦,則已先經過初步篩選,亦能縮短求才公司作業時間。

缺點:正因為網路的普及化,應徵者的人格特質無法預知,可能也會浪費了面試的人事成本。

5. 政府機構

優點:成本較低,且可針對特定對象進行找尋。

缺點:效果較其他方式差,人才來源相當有限。

6. 校園／軍中招募

優點：降低招募成本；針對特定對象進行招募；提高公司知名度。

缺點：大多缺乏工作經驗，若公司知名度較差，招募效果不佳。

7. 建教合作

優點：培養長期的人員供應來源；建立正確工作態度與方法；提高公司知名度。

缺點：學習成本高；投資成本高。

（二）遴選方法分為六種

1. 應徵函(application form)

通常包含「履歷表」和「自傳」，可由應徵函進行初步篩選。

2. 筆試(written test)

通常測試「性向」、「智力」、「專業科目」。

3. 模擬實作測試(performance-simulation tests)

通常用於須有經驗的工作項目遴選上。

4. 面談(interviews)

最普遍的方法。面試方法可一對一、多對一、一對多。面試技巧含條列式、開放式。面試原則宜公平，先訂給分標準、給分方式等。

5. 背景調查(background investigation)

係由應徵者已繳交的資料進行確認。

6. 體能／健康檢查(physical examination)

是否有法定傳染病或隱疾；是否適合工作性質。

二、招募甄選制度規劃

　　在招募甄選制度的規劃上，必須針對公司目前所遭遇到的問題進行深入的分析及評估，並且根據個案公司的需求以適切性、標準化兼具效率的原則，設計一套完整的標準作業流程來協助相關的行政作業以提高作業效率。

1. 用人需求之確定及評估

　　基本上人力資源的招募及甄選活動是由需求而生。但是，在人力的需求上，人力資源的角色似乎往往僅限於「幫主管找人」，事實上，究竟此人員需求是否真正對組

織有利，抑或只是造成人事成本的負荷，這個問題卻常常為人們所忽略。雖然人力資源部門對各部門用人需求的了解程度或許不如各用人主管，若能在用人的審核上多用點心，勢必可以確保每一項用人需求都能對組織有所裨益。因此，在制度的規劃上，建議人力資源部門可以進行簡單的評估工作，包括組織評估、工作評估及人員評估，提出長短期的解決方案，如是否需要工作重新設計、調整工作職掌、請既有人員加班等等，以確認進用新人是最適合的解決方案，同時也加強人員需求的必要性及合法性。

2. 用人申請作業

在用人申請的作業上，需設計標準化的申請表單，在表單中讓用人主管填寫其他必要事項，如預計效益及用人原因。一方面有助於人力資源部門的「把關」工作，另一方面也可以有助於確認用人條件。希望藉由標準化的申請流程讓申請的作業簡單、便利，同時也有利於後續活動的進行。

3. 甄選條件之決定

根據該職務的工作說明書編寫出各個職位的甄選條件，以做為用人的參考依據，同時也增加「找對人」的機率。

4. 履歷篩選原則

由於在求才期間，招募承辦人常常需要處理大量的應徵信件，並且負責幫人力資源主管進行人員的初步篩選工作，於是，篩選標準就變得相當重要，同時如果沒有一套標準的指標來幫助衡量，可能也會同樣無法避免過多「主觀」的影響。最重要的是，可能適當的人選在第一個關卡時，因為人為的疏忽或判斷的標準不足而被刷掉，讓公司錯失良好人選的機會。另外，履歷表本身也會隱含一些重要訊息，如個人的態度、性格、能力…等。有鑑於此，我們在履歷篩選的原則上為招募承辦人做了一些提醒的功夫，如對履歷表的外觀、個人的成長背景、家庭狀況、資歷、性向…等需要注意的事項加以說明，同時這些列舉事項都可能在將來做為決定適任與否的重要考量。

5. 應試通知作業流程之確定

由於以往應試通知的行政作業往往占據許多招募承辦人員的時間，聯絡的過程中哪些事項需要告知應試者，以及相關的應答方式都可能成為招募承辦人員一個重要的負擔。同時，聯絡的過程也會影響公司的整體形象，不當的應答可能會讓應徵者對公司產生不好的印象。另外，此對外服務的品質也或多或少因為相關負責人的更換，造

成作業品質不一。有鑑於此，招募承辦人員在電話通知上應注意的事項及相關的措辭及應對方式，希望能使通知、聯絡的工作更加清楚明白，同時也藉此建立起應徵者對公司的好印象。

6. 面談流程之設計及面談手冊之撰寫

在面談流程的部分，必須設計一個標準化的面談流程，從寒暄暖場、資料的蒐集、提供、到總結誌謝中，主試者應該注意的事項。「主管面談手冊」的編撰中關於面談前的準備工作、面談的技巧、面談執行的重點、面談中應避免的錯誤及相關的問話訓練…等。希望藉由上述的設計，能使主試者在面談的過程中蒐集到關鍵的應徵者資訊，以利評估應徵者是否符合甄選條件及公司需求。

7. 最終人選之決定

為了避免「主觀」的影響，可使用兩份評核表。一份是針對甄選條件所設計出來的，這是屬於專業能力上的評核；另一份針對應徵者態度面及一般能力面的評核表，希望在兼具主客觀的考量後，能在眾多應徵者中找出真正適合公司需求的人選。

8. 新人報到

制度的規劃的最後一部分就是新進人員的引導工作，包括確認引導工作的引導者及相關交辦事項。如引導的工作內容、相關物品的準備、都以checklist的方式設計，讓引導者做為工作指南。由於個案公司曾經發生新人屆期未報到，但卻已經幫他投保勞健保一個星期以上。為解決這個問題，我們在和新進人員引導者溝通之後，特定在招募甄選的辦法中，增加對各部室辦理工作引導者的工作要求──各部室負責新人報到的工作者，在完成新人報到相關事項後，要確實將報到資料以e-mail 或電話、傳真的方式通知總行的人力資源部，才算完成新人報到手續。

4-3　人員訓練

訓練與發展的種類繁多，根據訓練的時間點加以劃分，可分為職前的引導性訓練以及在職員工的訓練。此外，根據訓練的方式加以劃分，可分為課堂講授、在職訓練、工作指導訓練、程式化指導訓練、視聽補助教學，以及模擬訓練等。

一、人員訓練的形式

1. **技術類訓練形式(technical type)**：與服務技巧最相關的實務執行層面的技術訓練。如：銷售技巧、陌生拜訪、話術等。

2. **人際關係(interpersonal skills)**：針對員工與上司、同事、部屬間的人際關係技巧訓練。如：領導、統馭、溝通、衝突解決等。

3. **商業知識(bnsiness knowledge)**：與企業經營之相關知識學習。如：財務管理、行銷管理、TQM、策略等皆須涉獵。

4. **問題解決／決策(problem solving/decision making)**：針對經營問題的察覺、解決方案之研擬，和選定解決方案之訓練，管理不只是管「人」，也要管「事」。

二、人員訓練的方式

以下更詳細的說明各種方式的訓練模式：

（一）職前引導性訓練

職前引導(orientation)亦即新生訓練，主要目的在於協助新進員工了解工作的內容及相關條件，使得新進員工可以盡快熟悉並適應組織的一切，以便即早進入工作狀況。除了熟悉組織及工作中的有形事務之外，引導性訓練也應重視無形層面，亦即設法使新進員工融入企業的文化及社交網路之中。因此，引導性訓練肩負著社會化(socialization)的功能，其目的在於增強員工對於組織的認同與承諾。具體而言，引導性訓練的主要任務如下：

1. 提供新進員工所需的基本資訊：介紹工作內容、環境、同事、公司政策、支薪方式等。

2. 消除新進員工的焦慮感：其中包括減少新環境所造成的不確定與恐懼感，另外也應避免讓新進員工對組織產生不切實際的期望，亦即降低所謂的現實震憾(reality shock)。

3. 協助新員工的社會化過程：設法促進新進員工與同事之間的交往、建立關係，同時也應該讓新進員工體會並融入企業文化與組織氣候。

4. 促使新進員工即早發揮正常的工作力，並盡量減少新進員工的離職行為。

（二）課堂講授

　　課堂講授(lecture)是最便宜、運用最廣的一種訓練方式。一位講員可讓數十位甚至上百位的學員同時聆聽演講，所以成本分攤下來較為經濟。課堂講授對於那些知識性的訓練主題而言，效果相當不錯，但是卻不宜運用在肢體操作性的訓練項目上。例如訓練一名籃球選手，僅僅安排聽課是不能達到效果的，必須要下場去實際操作才能真正學會如何打籃球。然而，即便是肢體操作性的訓練項目，在實際下場操作之前，先安排一場操作要領的課堂講授，仍然有助於提升其學習效果。課堂講授是否能發揮效果，授課講師是成敗最重要的關鍵因素，包括個人特質、教學技巧、教材的準備以及教學行為等，都是影響教學品質的重要因素(Brooks, 1994)。

　　一位稱職的講師應該具備下列特性：

1. 講師對訓練題目應具備相當的知識和經驗。

2. 講師應掌握學習者的調適能力。

3. 講師應有認真的教學態度及教學投入。

4. 講師應具備幽默感，並以幽默感來塑造學習氣氛。

5. 講師應具備激發學習意願的能力。

6. 講師應有清楚的教學目標。

（三）在職訓練

　　由於課堂講授有其使用上的限制，所以針對一些不容易講授的操作技能，企業必須採取在職訓練方式來達成訓練目的。所謂在職訓練(on the job training, OJT)，更明確的說法是「在工作上邊做邊學」，亦即讓員工以實際執行工作的方式，學習該職位的工作技能，通常在職訓練會先指派一名教練或師傅(mentor)，由他來帶領及教導受訓員工。例如由領班或資深員工擔任師傅，在工作場所可以隨時指導受訓員工，而員工可以透過詢問及觀摩等方式直接領悟該項操作技能。另外如新進業務代表的訓練也可以透過在職訓練方式，由一位資深並熟悉市場的業務代表帶著新人去見習，並介紹新人給老客戶認識，等到新人逐漸與老客戶建立起友誼及信賴關係之後，資深業務代表就可以將此項業務轉移給新人。在職訓練的成功關鍵在於慎選具有愛心及耐心的師傅，如果師傅基於私心不願意認真教導徒弟，則在職訓練注定將會失敗。

（四）工作指導訓練

　　工作指導訓練(job instruction training, JIT)係將執行該工作的各項重點步驟依序列出，編寫成具邏輯性的指導手冊，根據此操作手冊依序加以訓練。例如：要教導一名受訓廚師如何烹飪一道菜，可以將烹飪過程依序編寫成指導手冊（食譜），由講師就每個步驟的要點依序講解，並讓受訓者根據上述步驟試作一次，最後講師修正與追蹤其學習成效。完整的工作指導訓練包含下列四個主要的步驟：

1. 第一步驟：受訓者的準備

    (1) 讓員工在平常情形下進行此項訓練，訓練環境是沒有緊張、沒有壓力的環境。

    (2) 對受訓者解釋學習的重點及其價值。

    (3) 營造出有興趣的學習氣氛。鼓勵員工對受訓內容提出詢問，並可從員工的發問中測知其對「工作」的了解程度。

    (4) 解釋各項工作之間的關連，並說明該工作與部門目標之間的關係。

    上述說明最好是在工作場所進行，使員工可以熟習設備、材料、工具、及相關零組件的特性。

2. 第二步驟：進行觀摩，由講師展示其操作方式

    (1) 解釋數量與品質上的要求。

    (2) 參觀操作「工作」的全部歷程。

    (3) 講師開始以慢動作來操作，然後重複操作。

    (4) 解釋工作的每一動作，操作的重要連續部分，以及容易發生錯誤之處。

    (5) 讓受訓者了解每一步驟的重點及重要性。

3. 第三步驟：由受訓者進行工作的試作

    (1) 受訓者試著重複一次工作的操作，然後講師再指導或修正其操作方式。

    (2) 講師展示正常的工作操作速度。

    (3) 讓受訓者試著以正常速度的操作練習。

    (4) 持續讓受訓者操作，以便熟練該技術。

4. 第四步驟：追蹤、改正及不斷地複習

    (1) 安排時間讓受訓者有個別詢問的時間。

    (2) 逐漸減少監督，讓受訓者自己去完成，只要定時查核其工作進度。

(3) 讓受訓者互相觀摩良好的標準動作。

(4) 鼓勵能達成品質和數量標準的優良受訓者。

（五）程式化指導訓練

程式化指導訓練(programmed instruction)係將教材編寫成系統化的學習程式，以縮短受訓者的學習時間。通常程式化指導訓練是將教案與電子器材相結合，使用者可依據本身的閱讀及思考速度，個別操作其學習進度。目前已有許多的電腦軟體可將教材進行系統化的安排，由學習者回答電腦顯示出的問題，然後將答案輸入電腦中，電腦會根據學習者的對答比率給予回饋，並依據其程度逐漸升高其題目難度。

（六）視聽補助教學

視聽補助教學(audiovisual methods)可採取投影機、幻燈機、光碟機以及其他多媒體視聽設備以增強教學效果。視聽輔助教學可以配合各種的教學方法和教學程序中，例如用在生產方法或銷售方法上的教導，視聽輔助教材可加強解說及提供動作模仿的參考。此外，也可以利用攝影機錄製動作，讓受訓者可以清楚看到自己的行為表現，以便藉此修正偏差行為。視聽輔助教學也可以適用於遠距教學(distance education)，透過網際網路(internet)能快速地傳送新知和各種情報。遠距教學不僅可節省訓練經費，對於受訓者而言也可以免除交通問題。

（七）模擬訓練

模擬訓練(simulation methods)是利用電腦及相關設備來模擬真實的儀器，使受訓者可以先在模擬機上熟悉操作方法。例如：訓練飛機駕駛員，可以先在模擬機上學習起飛及降落的技巧，不僅可以避免飛機失事的危險，也可藉此節省龐大的油耗成本。因此模擬訓練被認為具有安全性、提高學習效率、以及節省成本等優點（黃同圳、許宏明，1995）。良好的模擬訓練在訓練遷移上有相當好的學習轉移效果，但前提是所設計的模擬機必須逼真，否則模擬效果將大打折扣。

PART
2

4-4 人員授權

一、授權的基本概念

（一）授權的目的

在於當顧客抱怨發生的第一時間即能解決問題。

（二）授權

具有能反映出個人工作角色導向的四個認知要素，而這些要素能提升個人的內在工作動機。

1. 意義(meaning)

是工作目標的價值所在，會與個人的觀點或標準相互進行評價。意義包含了工作角色的要求與個人信念、價值觀、行為之間的搭配性。

2. 能耐(competence)

自我效能，是個人對其所具備執行技術活動之能力的一種信念。能耐與個人的信念、熟練性或努力——績效期望(effort-performance expectancy)的涵意相近，在這裡所指的能耐不同於自尊，因為其是針對特定工作角色的效能而非全面性的效能。

3. 自我決策(self-determination)

能力是行為的熟練性，而自我決策則是個人能擁有創新與控制行為的選擇權。自我決策反應在工作行為及過程上創新與持續的自主性，如完成工作的方式、速度、努力等相關的決策。

4. 影響力(impact)

所謂的影響力是指個人可能影響工作上策略、管理或營運結果的程度，與無力感(helplessness)剛好相反，且影響力會因工作背景而有所不同。

（三）授權的特色

依據Bowen and Lawler(1995)探討主要授權包含的四個特色，也就是一個被授權的員工，應該：

1. 獲得組織績效的相關資訊（如：營運結果及競爭者表現）。

2. 對組織績效有所貢獻時會受到獎酬（如：紅利分享及員工入股）。

3. 具有能了解及對組織績效有所貢獻的知識及技能（如：解決問題的能力）。

4. 具有能影響組織方向及績效的決策權（如：參與品管圈及自我管理團隊）。

（四）服務利潤鏈 (service profit chain)

因「授權」而牽動一連串的影響，如圖4-2所示。

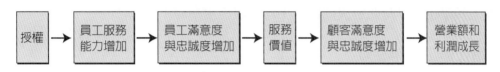

♥圖4-2、服務利潤鏈人員授權基本概念

二、人員授權的效益

（一）增加員工滿意度

授權而使員工滿意度增加，因為覺得受到尊重，受到肯定，出缺席與離職率容易獲得改善。

（二）增加顧客滿意度

授權而使離職率降低進而留住有經驗的服務人員，提高顧客滿意度。

（三）增加服務感善創意

授權而使服務人員更專注服務顧客，能更積極地思考所面對的各種問題。

（四）降低成本／改善生產力

授權而使組織運作效率增加，因而某些管理職務可以減少，成本亦下降。

三、人員授權的成本

（一）增加招募和訓練成本

授權而被要求新的能力，致使訓練成本增加。

（二）增加勞工成本

授權而聘得較高品質的員工，致使薪資成本增加。

（三）增加錯誤成本

授權而使員工能自我判斷的機會增加，致使錯誤服務機率上升。

（四）降低服務效率

標準化的服務流程是員工只要遵照規定，就能有固定的服務水準。一旦授權，會讓服務人員想花更多時間解決問題，平均的服務水準將下降。

（五）增加員工工作壓力

授權而使第一線工作人員必須判斷與思考何謂正確服務，致使壓力增加。

四、授權步驟

（一）區分影響自我效率因素

了解哪些因素可能讓員感覺無力控制其他工作。

（二）採取行動、激發員工自我效率期望

相信自己能做好工作。

（三）發展員工自我效率的回饋告知系統

授權後，工作結果是由員工自我自知，或主管告知。

（四）提升員工間自我效率感覺

由於授權會使工作壓力增加，所以主管必須特別注意員工對工作壓力的感受，並可藉面談或實質行動來降低壓力。

（五）提升員工間工作動機

授權的精神在於「工作來拉」，而非「管理者去推」。有效提升工作動機的方法有獎勵制度、工作達成的成就感、團隊精神的建立。

4-5 衝突管理

一、衝突的意涵與觀念

衝突(conflict)泛指各式各類的爭議。一般所說的爭議，是指對抗、不搭調、不協調，甚至抗爭，這是形式上的意義；但在實質面，是指干擾或對立狀況下，所引起之不能相容差異感受。

想了解衝突是怎樣發生的，要先了解幾個和衝突有關的觀念。

1. 「合作」是指朝共同目標努力的過程。

2. 「競爭」是指目標不相容，但某一方對目標之追求，不足以影響另一方目標之達成。像跑百米，只要遵守遊戲規則，誰能以最短的時間，到達目的地，誰就是冠軍。所以選手之間是處於競爭狀態。

3. 衝突和競爭相同的地方，在於目標不相容，但衝突指的是某一方目標的追求，不但足以影響另一方目標之達成，而且正在該影響力之中。以跑百米作例子，如果大家都非常守規則，則參賽者之間就是處於一種競爭狀態；但是如果我推你一把，你踢我一腳，則參賽者之間就是處於衝突狀態。

二、衝突的類型

（一）員工角色衝突 (employee-role conflict)

1. 來自員工內心不平等的迷思。

2. 服務業對人員外表的要求。

3. 管理衝突：在應徵或面試服務人員時，儘可能排除自我意識高或缺乏服務概念的人員。

（二）員工與組織衝突 (employee-organization conflict)

1. 服務人員通常有應付兩個老闆的困境。當顧客和老闆意見不同時，就會產生兩個老闆的困境。

2. 管理衝突：設定明確的公司政策與目標、適切授權以彈性處理顧客問題，管理者須將心比心。

（三）員工間衝突 (employee-employee conflict)

1. 服務人員最常見的衝突。

2. 通常發生在第一線服務人員及支援協助人員之間。

3. 發生原因：缺乏有效溝通等。

4. 管理衝突：了解衝突原因、研擬解決方案、邀集相關人員討論等。

（四）員工與顧客衝突 (employee-customer conflict)

1. 當員工與顧客一方未按照預期角色或行為出現在服務接觸場合時，即會發生衝突。

2. 管理衝突：對新顧客提示場所不允許的行為、對老顧客亦須提醒，對員工教導或勸阻與顧客溝通的技巧。

（五）顧客角色衝突 (customer-role conflict)

1. 由顧客本身所產生的衝突，實務上較少見。

2. 管理衝突：對於顧客，了解自己是「提供充分資訊」並非進一步決定如何處置。對服務人員，提示客戶其所須執行的協助事項。

（六）顧客間衝突 (customer-customer conflict)

1. 通常發生在兩名顧客抵達，同時接受服務或顧客接續抵達的情形。

2. 也可能發生於顧客有不同期望。

3. 管理衝突：安排保全人員或訓練服務人員。

　　嚴格來講，在社會、政治、經濟、企業經營的領域內，很多大家原來以為是競爭的局面，其實都是衝突。衝突是一種生活方式，無從迴避，也不一定不好。只是衝突過度，會消耗太多能源，使得人們對所處的環境無法做出貢獻。

　　此外，為了爭取公司資源之支持——而資源通常是稀少的——各中心就會各出奇招，於是產生衝突。所以在任何機構，合作、競爭與衝突都是並存的。

台茂家庭娛樂購物中心

台茂(TaiMall)的人力資源發展特色乃在籌備期間即已投入人力、物力從事儲訓工作,而針對其大型購物中心的特性將行銷、銷售、資訊科技、管理整合,而對管理經營訓練更是層次分明。

位於桃園南崁的台茂家庭娛樂購物中心是1999年7月4日正式開業,成為國內第一家大型購物中心(shopping center)。

由於台茂乃國內首創,人力市場上並無完全相關的人才可用,必須仰賴自行訓練人才方能維持企業崢嶸成長。因此在籌劃之初,即以自行培育人才為初期準備工作的重點,台茂標榜國際化、人性化、科技化,因此所需的人力資本發展內容亦順應公司既定政策為之。

一、訓練中心組織

為了使基層工作得以步入品質化,該公司一開始即延聘外來專家為新進同仁實施P.O.S.、電腦操作、禮儀、公差訓練,這是全面性的教育訓練方案,未來亦要引進ISO及TQM的觀念來加強並擴大訓練的效果。

該公司的訓練中心初步編制上,僅有四員,由於講員多半是外來或集團內現有人員,所以訓練中心職員只擔任規劃、行政及協調工作、授課並非主要任務。而且將教學行政範圍界定在資訊科技與行銷管理兩大項。

二、訓練體系

(一)說明

台茂家庭娛樂購物中心針對管理人員所制訂訓練層次構想,所有的領班及基層主管均需接受基本的管理訓練,初步暫以「企業內基層主管訓練」(training within industries for supervisors, TWI)為基本內容,並輔以報告撰寫、口語溝通,以及激勵部屬的訓練。所有的初級主管除了要接受TWI外,還得參加四階段訓練。

(二)四階段訓練

1. **專業核心課程(professional core programs)**:除了財務基本概念、形象體系(imaging system)、分析過程(analytical process)、銷售基本概念以及tqm。

2. **進階課程：**專業領域。

3. **功能性經理訓練課程(manager program)：**指組長(section head)以上的課程，以主管管理課程(TPM)為主，著重線性邏輯思考，但必須參加討論會及撰寫專題心得報告方式為主，著重直線運作(combat)思維導向，以運作(operation)為主。

4. **高級經理課程(advanced management program)：**著重於戰術層次，以TPM為基本架構並著重組織發展。目標管理(MBO)與人際技巧(interpersonal skill)，並兼顧策略性思考層次。

5. **特定主題集團主管課程(corporate workshop with special emphasis)：**著重策略層面俾讓參與者具備策略規劃與建立願景(vision)能力，基本上除了集體討論(group discussion)之外，應妥善利用外界資本前來授課。

三、新人訓練

台茂的新進人員引導與訓練，台茂因屬新創，萬象更新，故對新人訓練格外重視。

（一）新進人員引導

一旦完成員工招募之後，下一個步驟就是引導與訓練新進人員，這時必須提供他們所需的資訊及技能，使他們能順利完成工作。

1. 定義

引導即是新生訓練，協助新進人員了解工作的內容及相關條件，使員工熟悉並適應組織的一切，以便及早進入工作狀況。

2. 目的

引導是一種社會化的過程，目的在建立員工承諾。為了減少新進員工對新環境的不確定感、恐懼感，及避免不切實際的期望，降低現實震撼，台茂對新進員工三個月試用期中，為其舉行一～二天的新生訓練，它是召集各個部門的新進人員一同舉行的課程，主要的內容是發給員工手冊並介紹公司的政策、方針、主要股東、各個樓層的營業、管理等。

（二）員工訓練

台茂對於員工的訓練非常重視，新進員工自試用期間起，即有正式員工訓練的福利。而新進員工的主要訓練方式，即是在職訓練及資深員工給予工作上的指導；主要著重在職位上所需的技術與技能方面，與工作具有高度的相關性。例如：學習公司背景，

單位事業部門的制度，和其他事業部門的運作方式，最重要的是學習溝通和協調，因為台茂是服務性的產業，和顧客及廠商直接及間接接洽的機會很高，所以台茂對各個部門的新進員工對此極為強調。

（三）訓練的基本過程

新進員工在三個月試用期滿時，公司發給新進員工試用期滿的通知單，通知單上會告知員工在訓練期間的評分表現和最後的結果。

1. 評分

新進員工試用期中的考核表現，評分方式主要是表格制式。

(1) 自評（初評）

自己列舉考核期間所做的事情，工作的滿意度、人際關係等。

(2) 主管（複評）

主管認為其考核期間所做的事情，工作的滿意度、人際關係等。

自評和主管的考核分數相差甚多，員工可以主動要求和主管面談，以保障自己的權利。

2. 結果

若是順利升職為正式員工，其通知單上亦附有薪資的調整，否則可能是延長考核的通知，最長可達六個月，甚至是辭退通知。

台茂認為自人員招募至人員篩選，到員工的評估，每一階段的評估都應該是相當謹慎的。台茂的人力資本發展特色乃在籌備期間即已投入人力、物力從事儲訓工作，而針對其大型購物中心的特性將行銷、銷售、資訊科技、管理整合，而對管理經營訓練更是層次分明。

資料來源：行政院勞委會職訓局人力資源管理手冊人力資本與發展P.68～P.72。

問題 與 討論

1. 為何企業要進行人員招募與遴選？

2. 這篇個案中，看到了台茂購物中心的招募至人力篩選都是相當地謹慎，你是否對台茂的體制有著不同的看法或建議呢？

MEMO

CHAPTER

服務的品質管理

5-1　品　質

5-2　服務品質

5-3　服務品質的衡量

SERVICE

MANAGEMENT

5-1 品 質

一、品質的定義

　　品質就是一種信用，如中國的一句成語「一言九鼎」就是信譽的保證，而這樣的保證來自於對自家產品、貨物品質的信賴。商品或服務滿足人們需求的能力、一種適用性，不僅只是為了銷售，而是要滿足顧客需求。品質不僅是企業的策略性武器，也是企業創造競爭優勢的價值活動之一。在韋伯新世界字典中對於品質的定義是這樣敘述：「一種自然、特殊的風格、最優秀的事務，它是完美並且卓越。」品質的定義每個學者所敘述的方式各有不同但卻都脫離不了，它是一種經驗的累積，不管是觀察性或是操作性，經過這樣的累積製造出的事務或產品，讓消費者表現出內心感受舒適滿意的感覺。

　　在官方的定義上以經濟部標準檢驗局ISO9000來說，品質就是「產品或服務的總合性特徵與特性，此種總和性的特徵與特性使得產品或服務，具有滿足顧客明訂的或潛在之能力。」而美國國家標準協會ANSI也將品質定義為「一種產品或服務具備滿足需求者需要的輪廓與特質。」因此，品質為特定的良好程度，但因為針對評估的主題不同時，或使用不同的評估方式，將會產生不同的品質定義，而表5-1則是歷來各方學者對於品質定義的整理。

→ 表5-1　品質定義表

提出年代	學者	品質的定義
1979	Crosby	一、品質是合乎標準或規格的一種觀念，但此標準必須符合消費者的需求。 二、品質就是第一次就做好。 三、品質是大家的事。
1982	Deming	品質是一種以最經濟的手段，製造出市場最有用的產品。
1982	石川馨	品質以顧客需求為主隨著顧客需求改變，品質要不斷提升。
1984	Dr. Kaoru Ishikawa	品質是一種令消費者或使用者滿足，並且樂意購買的特質。

→ 表5-1　品質定義表（續）

提出年代	學者	品質的定義
1984	Garvin	一、品質是一種產品卓越的表現，只有接觸時才能感受到。 二、品質之優劣是來自產品可衡量屬性的差異，產品某些屬性水準越高，即表示品質越好。 三、品質乃取決於使用者的評斷，最能符合消費者需求的產品或服務，即是最高的品質。 四、品質能符合規格的程度，符合程度越高，品質越佳。 五、以價格或成本觀念來定義品質，即品質在一可接受的價格或成本範圍內，提供消費者效用與滿意的程度。

二、品質的觀念歷史演變

在工業革命以前，工人們執行所有階段的生產動作，而所謂的產品品質也就理所當然的掌握在他們的手中，也對產品賦予責任。但隨著工業革命，專業分工以及大量製造的生產型態開始蓬勃發展，品質管制的責任從工人本身移轉到檢驗員這一新興人員上。十九世紀末，「科學管理之父」泰勒將規劃與執行分開，使生產力提升，同時建立一個中央檢驗部門，使原本不同部門的檢驗員集中於同一檢驗部門以及負責品質管制的責任，而整體品質觀念的演進可以從表5-2整理出來。

→ 表5-2　品質歷史發展表

	品質的歷史面	品質的觀念面	品質的制度面
1900年代	作業員品質時代 ↓ 領班品質時代	品管是檢查出來	品檢
1920年代	↓ 檢驗員品質時代 ↓	↓	↓
1940年代	統計的品質管制 ↓	品質是製造出來 ↓	品管 ↓
	品質保證 ↓	品質是設計出來 ↓	品保 ↓
1960年代	全面品質管制 ↓	品質是管理出來 ↓	全面品管 ↓
1980年代	全面品質管理	品質是習慣出來	全面品保

資料來源：中國生產力中心，TQA全面品質保證手冊。

PART
2

（一）品質是檢查出來

最早有所謂的品質觀念是源於，工業革命發生的初期，大量的產品被生產出來，但在此時對於品質管理的概念仍然處於由製造者本身自行檢驗的階段。這就是所謂的「作業員品質管制階段」。之後科學管理學派的興起，認為產品應該由這些製造者的監督人員所負責，也就是「領班品質管制階段」。由於所製造出來的產品越來越複雜多樣，管理者認為需要有獨立的人員來確認產品的品質，因此接下來又演變成「檢驗員品質管制階段」。

（二）品質是製造出來

進入1940年代，這時候的生產人員對於品質的認知開始有所不同，將產品檢查後的結果進行回饋改善，才能預防不良品產生，演變出「品質管制」，確立「品質是製造出來的」。

（三）品質是設計出來

在此階段生產人員開始思考，為何產品在廠內檢測無誤，但在廠外的使用上卻總是會出現狀況？廠商們分析之後發現，他們只著重在廠內的品管上卻忽略了客戶們的需求，例如產品將應用在哪些地方，有可能是充滿潮濕的雨林而或是乾燥炎熱的沙漠，因此製造產品之前把顧客的需求考慮進去，衍伸出「品質保證制度」也就是「品質是設計出來的」階段。

（四）產品是管理出來

一直到了1960年代，許多學者如美國的費京堡提出「全面品質管制」，日本的石川馨提出「良好的人力資源將建立良好的工作品質」，以及克勞斯比提出「品質零缺點，第一次就要做對」，因此企業開始認為產品品質不只是單位主管的責任而是全體員工的責任，並著手組成品質改善小組，以解決產品上的問題，此一時期稱之為「產品是管理出來」的階段。

（五）品質是習慣出來

至1980年代，美國的品質協會ASQC發現日本的產品品質在美國市場上備受讚揚，相當感到不解，因而開始研究日本產品品質優異的原因。發現日本的企業都有著相當良好的企業文化，員工們被教育有著共同的價值觀念，且可以透過訓練來互相改變。因此企業間開始進行品質文化塑造，從訓練開始產生個人態度改變，到個人行為改變，最後引發團體行為變革而提升整體企業產品的品質，這就是「品質是習慣出來」的階段。

5-2　服務品質

一、服務品質的定義

　　過去，只要「面帶微笑」就可以滿足大多數的顧客，但在現今的社會上，第三產業的發展越來越蓬勃，競爭相對更是激烈，單憑微笑早已無法應付顧客們的需求。試想你會接受微笑的服務人員手上端著一盤過期又難吃的食物嗎？因此品質的好壞將會決定廠商未來的發展是否能夠獲得成功的關鍵因素，但是何謂服務品質，服務並不同是製造業所生產的產品，彼此間有著本質上的差異，從表5-3可以看出。

　　服務業品質一向難以定義其原因在於，服務是一種無法具體化的東西，很難和一般的貨物產品一樣使用肉眼就可以辨別出是良品或是不良品，而是必須靠人的主觀感受來做判斷是好是壞，而主觀意識卻又是難以界定。服務業的品質好壞在整個服務的流程中，顧客即可明顯感受，如果產生不良的服務品質即馬上會遭受顧客的責難，並無法像製造業一般還可以進行產品維修或售後服務，因此服務業的品質維持問題遠遠比製造業更加重要。

→ 表5-3　服務業與製造業差異表

服務業本質上的差異	
服務業	在整體服務流程中進行消費的動作
製造業	在整個產品出現的結果後進行消費購買物件的動作
獲利驅動力上的差異	
服務業	外部獲利效率為主要的驅動力
製造業	內部成本的控管為主要的驅動力
管理焦點上的差異	
服務業	市場經濟，滿足顧客的需求為優先
製造業	規模經濟，降低產品的成本為優先

　　服務品質是服務業增加競爭力的主要策略，因此服務業者非常重視，並且藉由服務品質的提升，進而增加企業的利潤以及市場的占有率。研究探討「服務品質」的學者相當的多，對於服務品質的定義也相當多元分歧，表5-4是各專家對於服務品質的定義與看法。

PART
2

→ 表5-4　服務品質定義表

提出年代	學者	品質的定義
1972	Levitt	服務品質係指服務結果能符合所設定的標準者。
1979	Crosby	服務品質是顧客對所期望的服務與實際知覺的服務間相互比較的結果。
1983	Garvin	服務品質是一種主觀的認知品質，而非客觀的品質。
1985	Olshavsky	服務品質是一種態度，是消費者對於事物所做的整體評估。
1985	Zeithaml et al.	對於服務品質的認知，是由於消費者事前的預期與實際感受間的差距，服務品質不但包含評估服務的結果，也包含評估服務遞送的過程(delivered process)。
1989	Benshid & Elshennawy	服務品質為能一致地，並符合顧客所期望的程度。
1990	Bitner	服務品質是顧客接受服務後，是否再次購買服務整體態度。
1990	Murdick et al.	服務品質是使用者所認知的服務屬性水準達到的程度。

二、服務品質的建立程序

　　服務流程中進行消費的動作顧客是否感到滿意，大部分是在服務人員對於顧客進行服務時所發生。而顧客對於服務是否感到滿意則來自於：服務的品質是否能夠滿足顧客內心的期待，彼此間相互比較而來。

　　而在進行服務品質的衡量之前，就應該先有一套標準的品質建構程序，有了標準程序之後，在衡量服務品質上才會有所依據，以及可信力。而全世界第一套國際性的服務品質建立標準系統是在1991年8月所頒布的ISO-9004-2系統，該系統提出了整個服務業品質體系建立的原則與程序，使服務業界對於服務業品質體系的建立有了依據，圖5-1為服務品質體系建立程序圖。

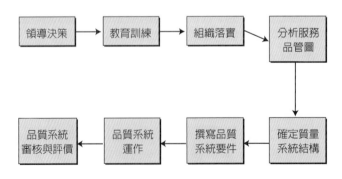

♥ 圖5-1、服務品質體系建立程序圖

資料來源：劉麗文、楊軍(2001)，服務業營運管理，五南出版社。

三、服務品質的構面

　　服務的品質構面主要由十大要素構成，分別為可靠性、反應力、勝任性、接近性、禮貌性、溝通性、信賴度、了解性、安全性、有形性，其來源是1985年Parasuraman、Zeithaml和Berry三位學者以Gronroos 的研究為基礎，並且針對企業管理者進行深度訪談，使用統計方法來進行問卷上的分析，最後提出了知覺服務品質的這十大要素。

　　探究服務品質的決定因素，研究結果發現，雖然顧客被提供的服務不同，但是認知服務品質為可以共同使用的基準評價，此基準這三位學者將它們定義為「服務品質的決定因素」。表5-5為此十大要素的意涵。

➡ 表5-5　服務品質構面意涵

要素	要素的意義
可靠性	進行服務時與顧客之間信賴的一致性，交易紀錄上的正確性。
反應力	服務人員的快速應對能力，對錯誤發生時處理的迅速性。
勝任性	服務進行時需要的技術與知識，以及接觸顧客的員工有優秀的技術與能力來提供服務。
接近性	易於聯繫與服務顧客的便利性。
禮貌性	服務人員的態度，與顧客接觸人員的外表與服儀。
溝通性	對顧客的溝通能力、對服務本身的說明、對服務費用上的說明。
信賴度	顧客認知的信賴度，對企業的評價。
了解性	努力了解消費者的需求以及顧客所需的個別服務。
安全性	使顧客免於危難，如：財物的安全性。
有形性	服務時所使用的工具、設備等。

資料來源：Parasuraman, Zeithaml, & Berry (1988). 'A multiple item scale for measuring consumer perceptions of service quality,' *Journal of Retailing*, vol.64(1), pp.12~40.

PART

2

四、服務品質的模式

　　服務業與製造業的本質並不相同，早期關於製造業的品質管理模式有相當多的學者從事研究，並且衍生出相當多的理論，反觀服務業的品質管理上，卻是屈指可數。而第一批真正投入服務業品質研究並且將其研究結果「量化」的學者則出現在1983年，分別是劍橋大學的三位學者 Parasaraman、Zeithaml和Berry。他們共同研究希望能找出一套量化的服務業品質模型，利用與十五家大型企業合作發放問卷，並從數據中做深入研究，嚴謹分析後於1985年發表服務品質模型，並以這三位學者名字的字首為命名為「P.Z.B.模型」，一直到現在該模型能被服務業的實務界與學術界所愛用，圖5-2為該模型的整體結構。

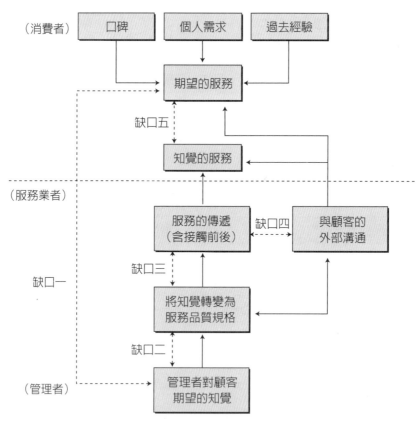

💙 圖5-2、P.Z.B.服務品質模型

資料來源：A. Parasuraman, V.A. Zeithaml, and L. Berry(1985), 'A conceptual model of service quality and its implications for future research', *Journal of Marketing*, Vol.49 (Fall), p.48.

　　Parasaraman、Zeithaml和Berry這三位學者所建立該模型的意涵在於要找出，顧客對於服務的期望以及對於服務結束後是否與期望有所差距，而決定出該差距的主要因素為何，是這三位學者所要尋找的答案。該模式將顧客的知覺、心理、社會等因素以及管理者的知覺納入考慮之內，從而驗證出服務業的業者要滿足顧客們的期望需求必須要突破該模型中的五大缺口。而下面將說明各缺口的涵義以及突破的概念。

（一）缺口一

　　此缺口是指消費者的期望與管理者認知二者間的差距，也就是說缺口一的發生是由於管理者沒有辦法能夠了解顧客對期望的需求。要解決該缺口的策略性方法包括：

1. **加強行銷研究**：加強市場上的資料收集，了解對手的資訊，以及顧客的需求，使決策者能夠滿足顧客的期望與需求。

2. **加強往上溝通的能力**：指管理者應加強與第一線的服務人員直接溝通的能力，使管理者能夠第一時間了解顧客的需求。

3. **減少管理層級**：管理階層數量越多，越上層的管理者越難清楚最下方消費者的期望，因此減少不必要的管理層級是必要的。

（二）缺口二

　　此缺口是指管理者與服務品質規格上認知的差距，發生的原因在於雖然企業知道顧客們需求與期望，但可能因為企業本身內部資源不足、市場狀況、管理疏失等，因此即便了解消費者的需求但仍然無法達到顧客們的期望。要解決該缺口的策略性方法包括：

1. **目標設立**：將顧客所期待的服務品質視為最終的目標。

2. **作業標準化**：利用專業的軟硬體設備技術，建立SOP標準化流程可以減少不必要的浪費。

3. **可行性認知**：管理者必須認知顧客期望的服務品質是可以達成的。

（三）缺口三

　　是指服務的品質規格與實際傳遞產出績效之差異所造成的缺口，也就是說第一線服務人員所提供的服務品質，無法達到管理人員所既定的計畫目標，因而產生績效上的差距。缺乏團隊合作、不良的員工招募、不足的訓練及不適當的工作設計等均是造成此缺口的原因。改善此缺口的方式為；

PART **2**

1. **加強團隊合作**：增加員工之間的互動，管理者主動關懷員工，並使員工對公司產生認同與共識。

2. **員工與工作整合**：利用人事管理將適合的員工放置在適合的工作位置上使其充分整合。

3. **專業與工作整合**：將操作的技術、專業與工作做充分的整合。

4. **對服務掌握程度**：讓員工對於所提供的服務有充分的認知，以及授權問題處理時的權限與彈性。

5. **監督控制系統**：建立公司內部良好的績效與獎勵模式。

6. **減少角色衝突**：不要讓服務人員無法滿足顧客的需求也達不到公司的目標。

7. **角色模糊**：不要讓服務人員不清楚該如何達成管理階層的期望，以及是否對其有所期待。

（四）缺口四

服務的傳遞與外界溝通之間的差距，誇大的承諾與第一線員工缺乏資訊，當顧客無法得到承諾的期望時，對於服務品質的認知將會大幅感到失望。

1. **加強水平溝通**：減少企業內部在溝通上出現障礙的情況發生。

2. **減少過度的承諾**：當企業的服務品質無法達到廣告內容的預期時，切勿過度誇大不實，造成消費者期待落空。

（五）缺口五

也就是顧客的期望與實際認知服務間的差距，此差距受到上述四個缺口的大小與方向所影響，因此改善前四個缺口所造成的差異即能解決，缺口五所造成的問題。

五、服務品質的種類

基本上對於服務性質的產業，其所服務的對象大部分都是「人」，所以服務品質的好與壞，其判斷的來源還是在於人本身接受服務後的感受知覺，而人的感受程度如何，必定來自於是否能夠滿足他們在生活周遭上所必須的事物或娛樂。

這就包含了所謂的食、衣、住、行、育、樂，當服務的提供者可以使消費者在這些方面都感到滿足，那他們相對於該服務品質的評價也就必定有相當好的感受，而服

務品質的種類也因為是人在感受，所以界定的種類也就以人們的感官知覺能力來作為檢驗衡量的種類，其種類的劃分經過專家們多方評估，以圖5-3服務品質種類的示意圖，為主要區分的準則。

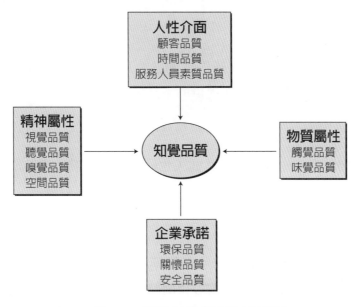

♥ 圖5-3、服務品質種類的示意圖

（一）視覺品質

指顧客對於接受服務的場所中，所見到的人事物產生後的視覺觀感，例如建築物的外觀、服務人員的儀容、舉止或是服務場所的布置等。

（二）聽覺品質

指顧客對於接收服務的場所中，所聽見聲音的觀感，例如冷氣的雜音、車輛穿梭的吵雜聲、員工交談的聲響等。

（三）嗅覺品質

顧客對於接受服務的場所中空氣環境所散發出來的氣味感受，例如洗手間的味道充斥服務場所，游泳池都是消毒水的味道等。

（四）空間品質

對於所接受的服務場所中，顧客對於自己所擁有的服務環境空間大小的感受，例如餐廳中座位擁擠、走道寬窄、或是天花板的高度等。

（五）觸覺品質

指消費者在服務環境中所有可碰觸到的物品，接觸後的感覺，例如保齡球館破損不堪的公用球、服務場所中的桌椅、門窗等等。

（六）味覺品質

消費者對於接受服務的場所，所提供的飲食用品品嚐後的感受，像是餐廳的餐點、酒品，或是飛機上及飯店業者所提供的茶品、飲料等。

（七）顧客品質

當消費者在接受服務的環境中，其他人也同時接收服務的顧客品質，例如在同一環境中，日本遊客較會讓人感覺有禮貌。

（八）時間品質

此部分主要是在說明接受服務時所必須等待的時間感受，例如等餐所需要的時間、或是現在網路時代下載資料所必須等待的時間等。

（九）服務人員素質品質

當顧客們處在接受服務的環境中，第一線提供服務的工作人員在服務時，消費者的感受程度，例如服務人員是否面帶微笑、是否有耐心、輕聲細語等。

（十）環保品質

這裡是在說明服務業者在提供服務的場所中，所使用的物品環保的程度，例如餐廳中的保利龍餐具、或是客運業者車輛的廢氣排放程度等。

（十一）關懷品質

指當服務人員在提供消費者服務的時候，是否能夠提供額外的關心使消費者可以感受到的程度，例如服飾店主動提供衡量適合顧客的穿著打扮、餐廳主動詢問客人是否滿意或是需要加強的地方等。

（十二）安全品質

當消費者在接受服務時，所能感受到的安全程度，不論何種環境進行何種服務，最重要的就是安全性的問題，唯有安全性足夠，才能使消費者安心的接受服務，例如

餐廳飲食是否衛生不會造成食物中毒、客運業者是否有定期檢驗車輛，使行車安全等。

（十三）知覺品質

而所謂的知覺品質就是綜合上述的十二種品質結合而成，包含了對於所有外部事務的感受程度的一種綜合感受品質，因此有良好的知覺品質就必須要有這十二種類別的綜合。

5-3 服務品質的衡量

一、服務品質的衡量過程要點

一般來說由於服務不像製造產業所產出的產品屬於有形的物質，大部分的服務屬於無形，而且高度的顧客化又不容易標準化，以及服務的產出就在於提供服務的過程中，因此服務品質該如何衡量是有其困難度存在的。但隨著第三產業的蓬勃發展促使學者們不得不積極對於服務的品質衡量方式進行研究，以找出提升服務品質的標準流程與方法，以具體且有效的方式來提升整體的服務品質，表5-6為整個服務品質在衡量的過程中所必須注意的六個重點：

→ 表5-6 服務品質衡量的過程與要點表

服務品質衡量的過程與要點
1. 服務的品質是由顧客來衡量的。
2. 顧客在衡量服務品質時，不僅只注意服務的本身，也重視整體服務的過程。
3. 所謂的服務品質就是顧客心底的期望與真正接受服務時之間所產生的差距。
4. 服務品質就是要符合顧客的需求。
5. 服務品質衡量的目的就是要產生最大的服務功效。
6. 服務品質的衡量必須設立一個品質的標準。

PART
2

二、服務品質衡量的模式

目前在服務品質的衡量系統中最常見的的方式，同樣是劍橋大學的三位學者Parasaraman、Zeithaml和Berry所建立的，他們在1985年提出了服務品質之顧客衡量模式(Customer Assessment of Service)，如圖5-4。在這模式中幾乎所有學者都同意最難以衡量的在於顧客所期望的服務與服務的品質，每個消費者心中的想法不盡相同，且影響他們期望的因素相當多且複雜難以判斷，因此三位學者將將這些因素進行研究與整合，最後再列出五個影響服務期望的來源。

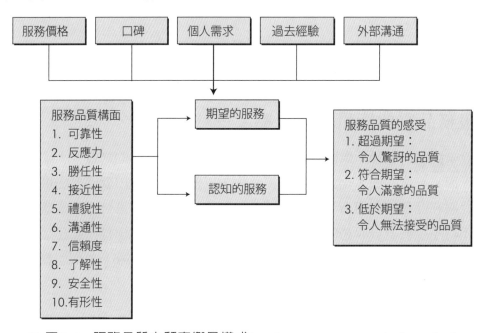

♥ 圖5-4、服務品質之顧客衡量模式(customer assessment of service)

資料來源：A. Parasuraman, V.A. Zeithaml, and L. Berry (1985), 'A conceptual model of service quality and its implications for future research,' *Journal of Marketing*, Vol.49 (Fall), p.48.

圖5-4顧客對於服務期望主要有五個來源分別是，口碑、個人需求、過去經驗與外部的溝通以及服務價格。當顧客感覺到服務超過預期的期待時，顧客感受到的將是滿意的服務品質，相反的當認知低於期待時，顧客將對該服務態度品質感到失落與憤怒，當期望被認知所確認，則服務品質將會是讓人滿意的。而對於影響服務的這五大因素下列為簡單的說明：

(一) 口碑

服務品質的好與壞來至於消費者的感受，當他們覺得這是一次不好的服務他會讓更多人知道，相反的當服務使消費者感到滿意時他們也會樂於告訴其他消費者。而當

越來越多的顧客知道該公司有良好的服務品質時,這就是所謂的口碑,也就是一提到該公司,別人所聯想到的就是擁有好服務品質,所以一家擁有良好口碑的公司通常會受到消費者們更高的期望。

(二)服務價格

顧名思義就是在接受服務時所應對服務的提供者付出的報酬,當然收費越高的服務,顧客們對服務品質的期待當然相對越高,相反的低價的服務顧客們就不會有太高的期待,總不能到便宜的快餐店卻要求有五星級餐廳般的高級享受。

(三)個人需求

這裡指的是消費者本身的因素,例如有些餐廳的顧客希望在接受服務時可以不被太多的噪音干擾,那他們對於店裡的安靜程度就會有較高的期望,而有些顧客則重視店內的擺設,那他們對於整體的布置上就會有較高的期待。

(四)過去經驗

這邊所說的是消費者對於過去相同服務的記憶,當一位經常出入高級餐廳的顧客,他們對於餐廳內的布置與餐點品質的要求,就會相對比較常出入便宜的快餐店或小吃攤的人來的高。

(五)外部溝通

此指的就是公司對於本身服務的宣傳上,如廣告、文宣等,這部分經常影響的大部分消費者對於公司服務的期待。如果一間標榜五星級服務品質的游泳池俱樂部,進去之後發現只有市立游泳池的水準,顧客們的期望將會落空,而對公司信譽將會產生相當大的不信任與失望。

三、服務品質衡量的方法

早期的服務品質衡量方式相當的簡單,只是將製造業產品品質的衡量方式套用在服務業上,是以缺點出現的次數與缺點出現的機會來計算其服務品質的好壞,公式如下:

$$服務品質 = \frac{缺陷出現的次數}{缺陷出現的機會}$$

　　而缺陷出現的次數與缺陷出現的機會，其數值從何處而來？一般來說，企業通常是利用品質管制科學的統計方法來蒐集這些數據，而主要的方式有下列八種：

1. 基本敘述統計學

2. 製程能力數據研究

3. 製程和產品的比較測試

4. 頻率分配圖

5. 控制圖管制

6. 事前控制分析

7. 實驗設計法

8. 回歸分析法

　　上述的方式終究僅是將製造業品質管制的方式套用於服務業上，但服務業本身並無一套標準的服務品質衡量方式，因此Parasuraman、Zeithaml和Berry這三位學者在發展出「P.Z.B.模型」的過程中，也提出了一套衡量的方式與問卷的架構，稱之為"SERVQUAL"衡量法。

　　他們將原本服務品質構面的十大要素經過一連串的數據分析之後發現有些要素之間有相當高的彼此相關性，因而加以縮減為五大構面分別是：有形性、信賴性、反應性、確實性、情感性，該量表共有二十二個問項，每個問項使用的是七等第的尺度量表，完全認同為七點，完全不同意為一點，而"SERVQUAL"的分數就等於「認知的品質分數」減去「期望的品質分數」。表5-7為SERVQUAL的組成構面與變項表。

→ 表5-7　SERVQUAL的組成構面與變項表

構面	組成變項
有形構面	1. 該公司擁有先進的服務設備。 2. 該公司服務設備具有吸引力。 3. 服務人員穿著合適。 4. 公司整體設施外觀與服務性質協調。
信賴構面	5. 該公司盡力達成對顧客的承諾。 6. 該公司誠摯的去解決任何顧客所遇到的問題。 7. 該公司第一次就能執行正確的服務。 8. 該公司能準時的提供所需服務。 9. 該公司正確的保存相關正確無誤的紀錄。
反應構面	10. 該公司能在服務時提供明確的服務概況。 11. 該公司能夠快速的提供服務給顧客。 12. 該公司始終樂意幫助顧客。 13. 該公司不會因為過於忙碌而不理會顧客或延遲服務。
確實構面	14. 該公司的服務人員是可以信賴的。 15. 該公司交易時能使顧客感到安心。 16. 該公司的服務人員都是有禮貌的。 17. 該公司服務人員能互相協調以提供顧客最好的服務。
情感構面	18. 該公司會提供與留意個別顧客間不同的需求。 19. 該公司能提供所有顧客方便的服務時間。 20. 該公司有專門人員留意顧客間的不同需要。 21. 該公司一切皆以顧客的最佳利益為優先。 22. 該公司的員工能夠了解個別顧客的特殊需求。

資料來源：Parasuraman, Zeithaml, & Berry (1988), 'SERVQUAL: A multiple item scale for measuring consumer perceptions of service quality,' *Journal of Retailing*, vol.64(1), pp.12~40.

PART

2

中華航空榮獲經濟部2005年「品質優良案例」獎

提供卓越服務：珍惜與旅客接觸的每一刻。2005年國際知名航空服務調查機構Skytrax公布，中華航空經濟艙和商務艙的人員服務品質表現獲得全球第一，緊接又獲頒經濟部工業局國家品質優良案例，雙喜臨門的背後，是一段歷經十年的成果，當中所展現的價值，是每個華航人辛苦與共換來的甜美果實。

華航強調「旅客為尊」的「卓越服務計畫」，是以旅客意見為導向，輔以人員訓練、服務流程以及服務用品的創新，例如，激發員工發自內心的服務熱忱、多元化空中餐飲、更新貴賓室、新機引進時導入全新客艙設計概念，讓旅客從訂位到抵達目的地，均可體驗整體一致性的空、地勤服務。華航e化的服務也不斷創新，例如在企業網站推出的網上訂位購票、網上報到、網上選餐，桃園機場首家提供KIOSK自動報到櫃檯與首家裝設無線上網環境的機場貴賓室等等。

為了確保這套整體一致性的空、地勤服務的品質與旅客滿意度，華航從1997年起建立服務品保功能的專職單位，於2000年獲得ISO9001認證。透過全面建立公司內部的品質文件系統，以「系統化的文件與表單」的管理方式取代傳統的「口耳相傳師徒制」，並藉由不斷的服務查核與顧客意見調查確保一致性的服務品質與旅客滿意度。

華航與Performa採行對等工作小組的模式，共同研擬新的服務，長期腦力激盪後，推出了一套名為T.E.M.(TREASURE EVERY MOMENT)的課程，中文名稱為「珍惜和旅客接觸的每一刻」，融合中華文化謙厚、平和、大方、體貼入微來發展整個課程，成為箇中最重要的精髓，造就國際標準的個人化貼心服務。中華航空空服處空服管理部經理劉東海針對於T.E.M.課程的來龍去脈說明，經過長時間與Performa討論，雙方達到一定的共識，也都認為華航必須保留原有的獨特性，原因在於如果華航揚棄原有的中華文化特質將失去特色。

整個T.E.M.課程的設計理念，主要是建立從心出發的服務文化，當中涵蓋四個層面：
1. 中華文化特質的精緻服務。
2. 重視每個服務細節。
3. 以客為尊、顧客導向。
4. 目光接觸，發自內心的微笑。

　　課程一擬定後，在人、事、物、地上分頭展開。短時間內第一線空、地勤人員展開各式訓練，從課堂教授、ｅ化訓練管理系統CBT、模擬客艙實際操作訓練到On Job Training，舉凡訂位、櫃檯服務、貴賓室接待等地面服務，以及座艙長精進訓練、頭等艙與商務艙的專職訓練、全體空服人員的服務理念提升訓練等空勤服務等。另外，全球招商精選全新的骨瓷餐具，專業典雅酒杯以及高品質的鎳鉻合金刀叉。並別開生面地建制ｅ化創新服務，有：旅客資料庫及服務系統、旅客需求系統、ｅ化服務發展、提升工作效率之系統。

　　「全面性更新服務程序，配合重塑後的企業文化設計貴賓室、客艙、菜單、酒單、餐具以及旅客用品。」中華航空空服處空服訓練部經理劉卓民表示。他舉例，為了滿足顧客在品酒上的需求，華航成立選酒小組，深入法國、美國以及澳洲等酒莊，目的就是將頭等艙以及華夏（商務）艙的葡萄酒全面換新，提供旅客具華航風格的一流服務。就連空服人員廣播的口條，也必須加以訓練，以抑揚頓挫的音調讓顧客感受到華航的熱忱和溫暖。

　　一方面馬不停蹄地透過訓練教育每個艙等的空服人員，另一方面不斷與員工溝通、宣導華航新的服務理念，華航相當在乎員工的認同度，因為即使外在的SOP建立起來，員工無法認同就等於服務只有軀殼但是沒有靈魂，沒有辦法達到預期的效果。半年的時間，華航完成了100班1,975人次的T.E.M.訓練。

　　國際與國內不斷獲獎，確立華航在「卓越服務計畫」的發展基調是符合顧客滿意。華航的空中服務在全球知名航空專業調查機構Skytrax的國際航空業調查評比中，屢獲佳績，在2005年的Skytrax最新公布的全球航空服務評等中，華航的「頭等艙」獲5顆星最高評等，與新航、國泰、馬航、全日空並列。華航在「經濟艙」的整體服務，獲全球排名第3名，另外在經濟艙及商務艙的「人員服務品質」表現更是獲得全球第一。這是我國籍航空業者近年來在全球航空業服務整體評比最佳名次表現。此外，華航也在2003年獲天下雜誌「卓越服務獎」，2004年獲英國曼徹斯特機場評為「最佳航空公司」。

資料來源：中華航空，能力雜誌1月號雜誌設計新視力專欄，吳怡銘。

問題 與 討論

1. 顧客對於服務期望主要有五個來源分別是，口碑、個人需求、過去經驗與外部的溝通以及服務價格，請從案例中指出中華航空利用哪些方式來滿足顧客的這五大期望？

2. 中華航空在「服務品質」的作法上是否還有哪些可以改善？

3. 請查詢是否還有其他服務品質優良的個案公司？並提出分享之。

CHAPTER **06**

服務倫理

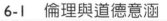

6-1 　倫理與道德意涵

6-2 　服務業倫理與道德之重要性

6-3 　對消費者的不利影響

6-4 　服務業的社會責任

SERVICE
MANAGEMENT

6-1 倫理與道德意涵

　　「倫理」就是人倫之理，也就是人與人之間，互動所需依循的規範原理，同時也是組織行為的準則與規範。倫理是屬於團體自律的範疇，其本身有一套價值規範系統，可以成為分辨行為好壞對錯的準則。

　　「道德」就是指人類品性與行為的卓越表現，同時也是人類人倫關係中判斷是非善惡的標準。理論道德的概念是行為的判斷標準，用來評定什麼行為是對的，什麼行為是錯的。當我們認為這樣做是不道德時，就代表我們認為這種行為是錯的。相反的，我們認為某種行為是道德時，就代表我們認為應該要這樣做。這種行為規範是建立在一社會所普遍接受的道德觀念之上，它會受文化及其他環境因素影響。相同的行為發生在不同人身上，可能會有所不同的理倫標準，某人認為是不道德的行為，另一個人可能視為理所當然，這是因為不同的文化，教育背景使得倫理標準隨著時空條件而改變。

　　「道德」與「倫理」是兩個對比的觀念，兩者之間有其共通處，也有其差異處。倫理著重在團體與社會層面，道德則是在個人領域。我國把道德視為倫理的必要內涵與基礎，所以常把倫理道德合在一起。因為道德涉及個體，倫理涉及群體，而群體是由個體所組成。不論是倫理、或是道德，是可以被接受的。我們也常把理倫道德合在一起使用，刻意的區分倫理和道德並不是絕對必要的，但是倫理道德和法律的區分，則是比較重要的概念。

　　有些學者認為「倫理」和「道德」意義是相同的，兩者可以互用，也有學者對於兩者加以區別，認為道德只要求個人人格完美，倫理則是要求全體社會遵守的規範；道德只涉及個人意志、倫理則涉及了家庭、社會、及國家中的客觀理性。道德指的是個人價值實現的歷程與成果，至於倫理則強調群體關係的規範。根據這些學者對於理論和道德所做的區別，我們可以說道德是比較概括的、抽象的、關於是非的概念，而倫理則是根據道德所發展出來的具體規範，大家有共識的道德規範則發展成倫理規範。「倫理」是：從道德觀點來做「對」與「錯」的判斷，人際之間的一種是非行為的準則，符合社會上公認的一種正確行為與舉止（高希均，2004）。

　　職場倫理是企業倫理的核心精神所在，若是沒有職場倫理，企業倫理就沒有基礎了，而企業也可能成為脫韁野馬，危害市場與社會。基本上「企業倫理」的內容，至

少應包含職場內及企業對外的行為，其間亦涵蓋專業倫理與決策倫理，所以涵蓋面甚廣，細者甚至涵蓋對服務、守紀、敬業、保密、戒慎、廉潔、誠信、合作、惜物、環保、應變力、學習力、主動負責、綠色行銷等。此外，「專業倫理」(professional ethics)是指那些適用於某些專業領域人員的規範，「一般倫理」(general ethics)是相對的概念，是指那些適用於社會，所有成員的規範與準則。

　　職場倫理與企業倫理必須被實踐出來，才會對企業、社會與環境有所幫助。實踐的重點，如以下九點：

1. 招募成員專業與倫理兼顧。

2. 企業決策者與管理者領導能以大局為重，誠信為上。

3. 董事會職能能充分發揮。

4. 股東及利害關係人權利至上。

5. 商品與服務資訊能充分對消費者揭露。

6. 職業道德教育推動。

7. 倫理守則成為企業文化。

8. 編定並推動倫理的企業文化。

9. 建立內部揭露機制。

　　既然道德可視為倫理的基礎，自然道德教育的內涵，是可以作為倫理教育內涵的基礎，那麼在推動企業倫理教育之際，顯然不能獨漏道德教育。就道德教育的內涵而言，可區分為「道德認知」與「道德實踐」兩部分，且兩者之間是一體兩面，不可偏廢。由此可知，企業在推動企業倫理教育時，必須包含「企業倫理認知」與「企業倫理實踐」等兩部分。

　　Hunt和Vitell(1986)提出行銷倫理理論(the general theory of marketing ethics)，指出在面對涉及倫理的行銷決策或行為時，個人的道義評估與管理倫理決策的過程包括五個階段，即：

1. 倫理知曉階段，即情境被認定涉及道德問題。

2. 倫理發展階段，即篩選目前的資訊，是否與個人道德系統互相一致。

3. 倫理評估階段，即根據方案本身的倫理道德內容與結果特性，進行評估與判斷。

PART
2

4. 決定階段，即產生意圖傾向。

5. 行動階段，即選擇一方案來行動。

　　管理道德(managing ethics)是面對有關管理決策或管理情境時，管理的道德判斷標準(Singhapakdi & Vitell, 1990)。管理倫理決策係指個人面對道德情境時，對於各種管理行動方案的可能結果，進行道德上的判斷與選擇，並採取最後的決策。

　　道德強度(moral intensity)如何影響管理倫理決策呢？管理理論決策會因本身的強度，即道德本身的嚴重性，會影響個人管理倫理決策的過程(Jones, 1991)。道德強度越高時，表示該項管理倫理決策問題越具有爭議性。道德強度可以從幾個構面來探討：

1. 結果的嚴重性

　　結果嚴重性係指所有受害者或得利者，所受害或獲利的總和，總和越大則道德強度越高。若當個人面對道德兩難的困境時，結果嚴重性越嚴重，較可能使決策人做出符合道德的舉動，兩者呈正相關。

2. 結果發生機率

　　係指道德問題發生的機率，以及特定行為真正導致預測結果之機率，兩者之聯合機率值。若行為的結果發生機率較高，代表其道德強度越強。

3. 時間急迫性

　　係指因道德行動後，所導致現在結果與未來結果之間的間隔幅度。若間隔幅度越大，表示急迫性越小，因為時間可以沖淡傷害，且時間越長久，表示預測傷害的機率較低。

4. 效果集中度

　　係指在行為所導致結果嚴重程度不變的情況下，效果集中在一個人的程度，如詐欺一人的集中度，明顯高於詐欺全公司的集中度。相信正義至上的人，特別厭惡高效果集中度的不道德行為。

5. 社會共識

　　係指社會大眾對於個人想要進行的行動，視為對與錯的一般認同程度。社會共識越高，道德強度越高。而法律乃是明文規定的社會共識，若違反法律時，其反對的比例遠高於其他不道德之行為。

6. 親近程度

　　係指道德代理人與受害者（受益者）之間，在社會上、心理上、文化上感到親暱的程度。

　　道德強度的構面可歸結成潛在損害與社會壓力兩大要素。潛在損害是指結果嚴重性、結果發生機率、時間急迫性，與效果集中度。其影響較偏向於行為後期，即道德判斷與道德意圖階段。社會壓力是指社會共識、親近程度，其影響較偏向於行為初期，即道德知覺階段(Singhapakdi, Kraft, Vitell & Rallapalli, 1990)。

　　企業體的成立過程及發展階段，面對企業體內部的人事需求以及企業體外來的社會環境的要求，企業體建立企業倫理的需求性越來越形重要。企業體在事業的及在事務管理方面都要靠企業倫理的建立及推動才能順利達成企業體的營利目的。企業倫理在企業體所占的重要性很多，舉例如下：

1. 企業倫理在企業體中幫助所有企業成員互助互利和團結合作。

2. 企業倫理在企業體營利的分配維持合理的方式，使企業的投資者及業務員工對企業有向心力。

3. 企業倫理促使企業體與同業之間有公平與合作的互相競爭，藉之使企業體更積極與更具創造力。

4. 企業倫理助使企業體與社區更合諧，減低社會環境對企業存在及經營方式的質疑，使社區民眾贊同企業體的存在並對企業體的經營機制更具信心。

5. 企業倫理協助主僱之間的關係維持良好，減少主僱之間的糾紛，促使主僱雙方的相輔相成。

6. 企業倫理幫助企業和供應商之間的互相信賴和互助互利，共同營造利益的達成。

7. 企業倫理助使企業體受顧客的信賴及支持，建立起主客之間良好的交易模式，促使企業體獲取充分的利潤，進而壯大企業的經營和發展。

8. 企業倫理可將倫理的觀念應用在企業的經營和管理的各種過程和情境之中，使企業體具有道德的標準和行為的規範，在有脈絡可循的人性管理之下，進行企業體的經濟性和營利性的企業活動，並達成企業體的創業理想和永續經營。

9. 企業倫理在企業體的營造商機及售物謀利上，扮演著催化及促成的作用，企業倫理的機制可吸引人心和獲得信賴，博得企業商譽，可在企業職場上，創造出高強的競爭力。

企業倫理不只是隱約和存在心中的觀念，而且已經是學術界、實業界與員工群所共同重視及關懷的議題。企業體在企業的經營過程，必須重視企業倫理的規劃、建立與實踐。企業倫理係將倫理觀念應用於企業的經營規範之中，使企業經營得以在具有明確的道德標準與行為準則的基礎下，完成各項經濟性活動。，其多元化的企業倫理如下：

1. 企業體中的投資者的企業倫理
2. 企業體與同業之間的企業倫理
3. 企業體與社區之間的企業倫理
4. 企業體與政府之間的企業倫理
5. 企業體與環境之間的企業倫理
6. 企業體與員工之間的企業倫理
7. 企業體與顧客之間的企業倫理
8. 企業體與商家之間的企業倫理
9. 企業體與股東之間的企業倫理
10. 企業體與社會之間的企業倫理

6-2 服務業倫理與道德之重要性

隨著科技的進步，人類對於物慾的氾濫、利慾薰心，因而造成倫理道德急速「向下沉淪」。就我國而言，除了企業倫理的教育功能嚴重出現不足之外，再加上政治領導人欠缺企業倫理的示範效應，所出現的貪贓枉法、徇私舞弊，因而造成企業倫理更加的式微！這些都直接、間接地促使社會反省，是否更應加強企業倫理教育，以強化企業倫理的行為，並建立普遍適用的原則或規則，作為倫理判斷的指針、企業行為的規範，以期能挽救逐漸淪喪的倫理道德。

企業倫理應該是企業界的道德及群體關係的標準，藉以維持正常的企業關係和對社會的責任。企業倫理的標準是：

1. 勞資間應該以互信、互重和認真的態度相處。

2. 買主應忠實的評估物品的價值與價格，遵守購買條約。

3. 供應商則應信守承諾，對產品負責，並嚴守品質標準。

企業要生存就必須重視企業倫理的實踐，企業倫理即是指企業經營所依循的方針原則，據此決定了股東、員工、顧客各層面的關係，凡是經營良好的事業，其內部必有健全的倫理制度。經營者本身也能確認企業倫理的重要性，躬行實踐。這些經營者，如果沒有正確的企業倫理指引，濫用大眾資金，破壞經濟秩序，就會對整個社會

造成嚴重的負面影響，國內近年來大宗經濟犯罪事件屢屢發生，歸咎其因，也就是主事者缺乏倫理道德的觀念，終於導致事件之發生，受害大眾、員工不計其數。

公司員工行為遵守的指標外，同時也會影響商業活動的秩序。現在許多企業已經把它們主要的價值觀與員工應該遵行的道德規範做成正式的守則，這些守則大概包含了要遵守法律規定、誠實負責、不以私人目的使用公司財產、提供高品質的產品與服務、保護工作上機密等等。

服務業因服務的「程序」(process)差異很大，因而衍生諸多服務品質不等的實質問題。這種所謂「程序」的差異是指，同樣一項服務業的工作，由不同的人員在不同的時間或不同地點去執行，皆可能因個人的能力或訓練及個人人品等差異，而使服務品質不一（翁崇雄，1991）。因此，這種服務程序的差異，涉入諸多服務從業人員個人的人品與工作態度與能力等道德因素，就不難理解；同時，服務業與倫理之間的密切關係，也自然彰顯。

保險銷售人員欺騙客戶，只為個人業績的私利考量的情況，經實證調查發現情況嚴重(Panko, 1997)。銀行金融業也因長久「官僚集權」(bureaucracy)，成為服務品質的頭號敵人，必須予以打破改進(Istock, 1995)。在美國，涉入國民公共健康衛生的外燴、學校餐飲或包辦宴席等公共服務業，其管理發展等議題在最近也被認為與企業倫理息息相關(McKenna, 1990)。在美國，一項對53家廣播公司與會計師服務所所作的調查發現，「道德行為」被受試者認為高居「組織效能」60項因素當中的第四名，因此掌握員工道德行為被認為是服務業成功的主要條件(Kraft, 1991)。

又如攸關人體性命的醫療服務業尤其備受關注，一項對一群醫院護士做的實證研究發現，整個醫院的倫理道德氣候會增進護士們的工作滿足(Joseph & Deshpande, 1997)。西方這項研究發現，說明醫療服務過程中道德層面的重要性，事實上，國內的一些研究結果也暴露醫療服務的道德問題。幾項對國內教學與公立醫院的實證調查後發現，這些醫院的服務品質極待提升，病人與醫療從業人員都不滿醫院的服務與管理（吳岱儒，1992；翁承泰，1993）。即使連教育服務業，都有頗受爭議的情事，一項對學校做的調查研究建議，學校應著重在塑造讓學生擁有道德生活的環境(living ethics)，而不是拼命去教學生道德是什麼；這項建議，說明學校應先秉持道德準則行事，才可能提供學生生活在倫理道德的環境。

分析服務業所產生的以上道德性問題，有因服務從業人員所造成，例如：服務態度與個人品德等因素；也有與服務業自身組織管理有關，例如：訓練缺失、工作環境

令服務人員不滿及領導統御不周全等,當然也有外來的環境因素壓迫所致,例如:社會大眾與顧客高標準的服務需求或政府法令約束等。所以歸納一項認知是,服務品質被要求與重視的程度與日俱增的同時,那攸關服務品質良窳的倫理問題,應運而生,在組織管理的含義上,這項倫理議題肯定且直接影響組織的效能。

一、案例一

(一)公司簡介

好成公司自78年成立以來,一向從事人力資源仲介,賺取佣金收入為主的服務業,主要服務對象以高屏地區的工廠及家庭為主。所仲介的人力來源大多是來自印尼、馬來西亞、越南、菲律賓等國之青年男女,該公司去年的佣金收入約1.5億,在高屏地區市場占有率約75%。

(二)核心之人與事

好成公司是一典型的家族企業,董事長由父親吳好成擔任,其為人誠信正直;總經理是兒子吳仲龍,為人熱情大方,辦事能力一流,但喜歡女色。吳好成曾多次告誡吳仲龍,不料其仍本性不改,經常背著父親為非作歹,造成公司人事的流動率大。最近公司新進一位女性員工呂小姐,不但是國立大學剛畢業的高材生,而且長得年輕貌美,吳仲龍很喜歡,於是故態復萌,時常藉機親近,毛手毛腳。呂小姐因家庭經濟困難,為五斗米折腰,暫且忍耐。吳仲龍見狀不知究竟,還以為對方也有意,所以更為變本加厲。最後呂小姐在同事的鼓勵之下,搜集齊全的證據後,直接向董事長告發此事。

(三)倫理困境

董事長雖然明白兒子的本性,但終究血濃於水,況且公司的業務依賴其極深,因此對於這類事情就睜一隻眼閉一隻眼,眼不見為淨。未料今日有員工舉證告發,為了企業倫理,吳董事長為此性騷擾案件遂陷入兩難的困境當中。

(四)倫理思考

1. 假如你是呂小姐,你會揭發總經理的醜事嗎?

2. 假如你是董事長該如何處理此事?親情重要抑或企業倫理重要?

二、案例二

（一）公司簡介

　　A銀行係民國80年成立之新銀行，其以消費金融為主力業務，經營效率極佳，獲利經常名列同業之前三名，其電視廣告亦常以形象為訴求，頗得消費者信賴。然其在併購同業時，卻發生勞資糾紛。A銀行不顧被併之同業銀行原已承諾提供員工提撥退職金及若因併購事件而離職即可獲得資遣費的政策，仍以強硬的態度將勞資糾紛訴諸法律公決。雖然目前尚未知曉結果，但已傷及其社會形象。

　　A銀行在一系列的企業改造過程中，雖僅對資深員工施加壓力，但同時亦形成如部分員工自知達退休年資尚遠，卻因改革壓力太，大而可能有不如歸去的想法，則在此變革過程中，A銀行即可達到讓員工自動離職又不用核發資遣費以降低人事成本之目的。

（二）核心之人與事

　　目前在不景氣當中，金融業經營改造頻頻，改造過程中難免縮編裁員。為了達到裁員目標，大部分銀行均提出優惠條件鼓勵員工提早退職，而此項做法經常造成在職員工之恐慌及向心力之問題。

（三）倫理困境

　　金融業競爭日益激烈，而人事成本在金融業經營中往往占著相當大的比重，在國內銀行合併的過程中，產生了相當多的剩餘人力，因此、銀行為了生存，常常會從薪水高但生產力較低的資深員工著手。

（四）倫理思考

1. 如果你是該銀行之員工

　　(1) 你如何思考工作倫理？

　　(2) 你如何思考勞資倫理？

2. 如果你是高階管理者

　　(1) 你如何思考社會倫理？

　　(2) 你如何思考裁員問題？

6-3 對消費者的不利影響

　　Kotler和Armstrong(1997)認為，即使是具有良心的服務管理人員，也會面臨許多道德上的兩難，而最佳的行動方案卻往往是不明確的。因為不是所有的經理人都有相當的道德敏感，所以服務企業必須建立企業道德政策(corporate ethics policies)，此係指組織內任何人都必須遵守的通盤性指導方針。此一政策應涵蓋配銷商關係、廣告標準、客戶服務、訂價、產品發展、供應商管理，以及一般的道德標準等。

　　基於服務的產銷同時發生（即不易分割性），使得服務企業的管理活動須同時考量生產與銷售活動。因此，服務管理理論的焦點集中在過度產銷活動所造成的問題上。為了拓展經營業務，服務企業必須持續地將各種資源投注於產銷業務。但是，若缺少適當的檢討與制衡，產銷活動的結果有可能，超出企業原本想要達到的地步，反而對消費者造成不利的影響。例如：投入過多的各種資源，造成比較高的價格或高壓式推銷的現象。甚至在行銷時，服務人員為了達到銷售目的，不惜使用各種欺騙的作法，矇騙消費者。更常見的是，服務企業為了營業績效，計畫性的推出陳舊與粗劣或不安全的產品或服務。例如：明知道某一產品或服務的功能有問題，但是為了爭取業績或提早攤還研究開發成本，還是將產品推出販售。接著又在短期內推出改善的產品或服務，誘使消費者更換或再次購買產品或服務。這些行為都會在資訊不對稱情況下，使消費者蒙受不平或損失。

　　造成價格偏高的原因可能是較高的配銷成本、較高的廣告和促銷成本，或是過高的利潤。例如：中間商效率太低、中間商過多或中間商利潤過高，都會造成價格偏高。另外，大量的廣告成本也會轉嫁給消費者。某些具有獨特的競爭優勢地位，或是符合社會大眾心理需求的產品或服務，售價遠超過成本，企業擁有超額利潤，例如精油按摩、誇大療效的美容聖品與健康食品等，不勝枚舉。偏高的價格對於消費者之衝擊，在於消費者無法獲得其付出價格所應得的服務或產品，例如：數量減少或品質降低。一些原本是企業應努力改善的地方，卻轉由消費者來承擔，造成企業與消費者交易地位不公平的現象。

常見欺騙性行為或服務手段，有欺騙性的訂價、欺騙性的推廣，或是欺騙性的包裝等。例如：謊稱以工廠價格和批發價格出售，或是不實地號稱為結束營業大拍賣、限時搶購等方法，以招徠顧客購買，或是過分誇大產品和服務的特質和功效。鼓勵消費者到市面去購買特價的產品和服務，但事實上該特價品已經缺貨，企業卻利用此一機會向消費者推銷其他產品。或以巧妙的設計，誇大包裝的內容、包裝未填滿、利用誤導的標籤、對包裝大小做不實的陳述等。有時企業利用消費者無法於短時間內判讀大量相關資訊的弱點，製造讓消費者容易一時誤判的訊息，使消費者進行購買。例如：減肥成效參考圖示、美容美髮樣式參考圖、旅遊行程內容參考，與樣品屋參考圖等。

6-4　服務業的社會責任

「企業責任」(corporate responsibilities)或「企業社會責任」(corporate social responsibilities, CSR)，是企業倫理的核心觀念，同時亦是一個爭議性的觀念(contestable idea)。服務業的社會責任就是一般企業所應有的社會責任，本節將探討何謂企業的社會責任。

企業社會責任究竟是指什麼？管理學界對這個理念，常見的定義如下，例如：企業責任就是認真考慮企業社會的影響(Paluszek, 1976)；或謂：社會責任就是（企業）決策者的義務，在保護及改善本身利益的同時，採取行動來保護及改善整體社會福利(Keith & Blomstrom, 1975)；或謂：社會責任這個理念，假定企業不只有經濟及法律義務，同時有超出這些義務的社會責任(McGuire, 1963)；或謂企業社會責任融合了商業經營與社會價值，將所有利益關係人的利益，整合到公司的政策及行動之內(Connolly, 2002)。

社會責任有四個層次，經濟、法律、倫理和慈善。如表6-1所示，在最基本的層次，公司有一個獲利的經濟責任，使得他們能夠提供一個投資報酬給公司所有人和投資人，為社會創造就業機會，貢獻產品和服務給經濟。當然，市場商人也被期望要遵守法律與規定，企業倫理是由一些引導商業世界行為的原理和標準所組成。最後，慈善的責任指的是非必要的企業活動，但卻能提升人類福祉或友好。因此，倫理是社會責任的一個面向。

→ 表6-1　企業社會責任

經濟責任	係指企業作為一個生產組織替社會提供一些合理價格的產品與服務，滿足社會的需要。
法律責任	企業之可以在一個社會內進行生產等經濟及商業活動，是要先得到社會的容許的。社會通過一套管制商業活動的法規，規範了公司應有的權利與義務，給予公司一個社會及法律的正當性(legitimacy)。公司若要在社會上經營，遵守這些法律就是公司的責任。
倫理責任	在法律之外，社會對公司亦有不少倫理的要求及期盼，包括了公司應該做些什麼，不應該做些什麼等。這些倫理的要求及期盼，都與社會道德有密切的關係，其中包括了消費者、員工、股東及社區相關的權利、公義等訴求。
慈善責任	企業做慈善活動，中外都很普遍。一般而言，法律沒有規定企業非做善事不可，企業參與慈善活動都是出自於自願，沒有人強迫的。做慈善活動雖是自願，但動機可不一定相同。有的企業是為了回饋社會，定期捐助金錢或設備給慈善公益組織，或經常動員員工參與社會公益活動；有的公司做善事主要的目的是搞公關，在社區上建立好的商譽，動機非常功利，不純是為了公益。

　　這四個責任構成了企業的整體責任，雖然分置不同的層面上，這四個責任並不是彼此排斥、互不相關，而是彼此有一定的關聯的。事實上，這些責任經常處於動態緊張之中，而最常見到的張力面，是經濟與法律責任之間、經濟與倫理之間、經濟與慈善之間的緊張與衝突。這些張力的來源，一般都可以概括為利潤與倫理的衝突。

為135位消費者討公道
消基會今向好市多公司提團訟

2023年3月間，美國接連有民眾吃了好市多等大型通路販售的冷凍有機草莓後驗出A型肝炎，當時個案至少5例。美國食品藥物管理局(FDA)官網資訊顯示，截至4月25日為止，全美一共8例個案，其中6例在華盛頓州、2例在加州；8例之中有2名個案住院。這8名患者發病之前都曾吃過冷凍有機草莓。這些冷凍草莓是由奧勒岡州的「美景水果公司」(Scenic Fruit Company)於2022年進口，貨源來自墨西哥下加州(Baja California)，經銷通路包括被告(Costco)等多家大型零售商，以多種品牌與組合販售。在美國該等產品均已下架回收。

衛福部食藥署於2023年4月28日發布新聞表示，該署啓動後市場查核機制，會同高雄市政府衛生局前往該被告公司抽樣5件不同批次產品檢驗A型肝炎病毒，其中4件檢驗結果為陰性、1件為陽性（「科克蘭綜合莓」：產品標示有效日期2023/09/19）。違規產品於2023年1月19日進口，總計17,431.78公斤，尚庫存367.43公斤（203包），目前被告公司已將違規產品全數下架，但進口的其餘9427包已賣出。為此食藥署已請衛生局監督業者完成後續回收銷毀作業並依法處辦。

實則上開商品在2年3月美國就已經發出通報，所以好市多公司也在那時就已經知道奧勒岡州的「美景水果公司」的冷凍有機草莓有問題卻不作聲，亦未進行必要的稽核與預防性下架仍行銷售，依據《食品安全衛生管理法》（下稱《食安法》）第15條第1項第4款規定：「染有病原性生物，或經流行病學調查認定屬造成食品中毒之病因，不得製造、加工、調配、包裝、運送、貯存、販賣、輸入、輸出、作為贈品或公開陳列，違反前述規定，依同法第44條可處新臺幣6萬元以上2億元以下罰鍰。」同法第15條第1項第3款規定：「食品或食品添加物有下列情形之一者，不得製造、加工、調配、包裝、運送、貯存、販賣、輸入、輸出、作為贈品或公開陳列：有毒或含有害人體健康之物質或異物。」

按《食安法》第7條第5項規定：「食品業者於發現產品有危害衛生安全之虞時，應即主動停止製造、加工、販賣及辦理回收，並通報直轄市、縣（市）主管機關。」，如前所述好市多股份有限公司（下稱好市多）得發現產品有危害衛生安全之虞的時點，早在2023年3月即可防範，顯然好市多並未如此做。

上揭違反《食安法》第15條第1項之情事，經高雄市政府衛生局分別於2023年6月19日以發文字號高市衛食字11235918200號，針對被告販售之「Kirkland Signature 科克蘭冷凍三種綜合莓」檢出A型肝炎病毒陽性事，為750萬元罰鍰之行政裁處；另

於同年7月14日以發文字號高市衛食字11236923600號，針對被告販售之「Kirkland Signature科克蘭冷凍草莓」檢出A肝病毒事，為450萬元罰鍰之行政裁處。

上開裁處書中分別於第三頁載有「案內違規產品販售據點14家賣場（臺北市、新北市、桃園市、新竹市、臺中市、嘉義市、臺南市、高雄市），流通性遍及全臺，上架販售期長，多個縣市政府通報消費者疑似食用莓果染有A型肝炎病癥，消費者購買食用恐涉染有A肝病毒，病毒性A型肝炎為法定傳染病，症狀包含突然出現發燒、全身倦怠不適、食慾不振、嘔吐、噁心、肌肉痠痛及腹部不舒服等，對民眾易造成不可回復健康影響程度」，及「案內違規產品販售據點14家賣場（臺北市、新北市、桃園市、新竹市、臺中市、嘉義市、臺南市、高雄市），流通性遍及全臺，多個縣市政府通報消費者疑似食用莓果染有A型肝炎病癥，上架販售期長，消費者購買食用恐涉染有A肝病毒，病毒性A型肝炎為法定傳染病，症狀包含突然出現發燒、全身倦怠不適、食慾不振、嘔吐、噁心、肌肉痠痛及腹部不舒服等，對民眾易造成不可回復健康影響程度」等查處理由，在在指出消費者購買上開染有A肝病毒之莓果產品食用，會對民眾造成不可回復健康之影響，而對於食用染有A肝病毒之食品會造成侵害食用者身體健康之損害同有FDA網站之公告可稽。

事發至今，好市多維持低調，僅聲明「可以憑購買紀錄和會員卡退款及加一倍按購買食品之價額為賠付」；被告好市多公司事前未盡到商品把關之責，事件發生後又未道歉、未談及賠償，甚至對於已購商品的消費者所憂慮的健康風險均未著墨，提出有效的因應政策，實在有失跨國大型企業的風範，未負擔其企業之社會責任。

消基會認為，根據《消費者保護法》（下稱《消保法》）第7條：「從事設計、生產、製造商品或提供服務之企業經營者，於提供商品流通進入市場，或提供服務時，應確保該商品或服務，符合當時科技或專業水準可合理期待之安全性。…業經營者違反前二項規定，致生損害於消費者或第三人時，應負連帶賠償責任。…」、《消保法》第9條規定：「輸入商品或服務之企業經營者，視為該商品之設計、生產、製造者或服務之提供者，負本法第七條之製造者責任。」；再者，《消保法》第51條也明定：「依本法所提之訴訟，因企業經營者之故意所致之損害，消費者得請求損害額五倍以下之懲罰性賠償金；但因重大過失所致之損害，得請求三倍以下之懲罰性賠償金，因過失所致之損害，得請求損害額一倍以下之懲罰性賠償金。」

消基會表示，本次團體訴訟總計有135位消費者辦理請求權讓與，委託消基會提出團體訴訟，其中精神慰撫金請求270萬元、懲罰性賠償金請求834萬1,500元，總計請求1,107萬2,620元。

　　消基會指出，本次替消費者提出團體訴訟，用意在提醒國內製造、輸入之產業，在一定規模下，應確立檢驗機制，確保生產、輸入的商品在當時科技或專業水準可合理期待之安全性；一旦發生意外事故，亦應肩負起企業社會責任，主動出面下架、回收並對受到損害的消費者提出道歉和補償措施，勇於負責，這才是誠信店家應有的風範。

資料來源：中華民國消基會消費新聞，2023.10。

1. 若你是消費者，你會就算了還是堅持一定要退費？

2. 若你是業者，遇到消費者堅持要退費會如何處理？

3. 若你是業者，消費者在購買後因為品質不良而欲申請退費及補償時，你會如何處理？

服務業的
外部管理

Chapter 7 ｜ 服務規劃

Chapter 8 ｜ 服務訂價

Chapter 9 ｜ 服務通路

Chapter 10 ｜ 服務溝通

Chapter 11 ｜ 服務的實體呈現

**Service
Management**

CHAPTER  **07**

服務規劃

7-1　服務的基本概念

7-2　新服務的規劃

7-3　新服務的發展步驟

SERVICE
MANAGEMENT

7-1 服務的基本概念

一、產品的三個層次

在談論服務的基本概念之前,我們必須先知道服務所販售的商品形式,唯有對自己本身的產品有所認知了解才能進一步去探討,該如何利用服務本身的組成與架構來進行本身企業的市場定位以及創新,根據傳統上的行銷觀念,通常產品可以分成如表7-1所示之情況。

由表7-1知,產品的三個層次包含了核心產品(core product)、有形產品(tangible product)、附加產品(augmented product)這三大項目,下面將個別討論這三項產品層次的定義與意義。

➡ 表7-1 產品三層次概念表

	有形產品	附加產品
核心產品	品牌	交易信用條件
	顏色	運送
	包裝	安裝
	樣式	使用說明
	規格	維修
	品質水準	售後服務
		保證

(一) 核心產品 (core product)

所謂核心產品意指可以帶給消費者核心利益的部分,也就是消費者因購買該產品所獲得的真正利益。例如:賓士跑車,可以帶給使用者「身份、地位」的利益;在高級的法式餐廳用餐代表獲得「品味、氣質」的利益;到KTV歡唱可以讓消費者獲得「放鬆身心、紓解壓力」的利益,等等各種無形的利益。

（二）有形產品 (tangible product)

有形的產品為核心產品的外在表現，意指可以讓消費者看得到、摸得到的部分，像是品牌、顏色、包裝、樣式、品質水準、規格等。例如：LV皮包，LV是它的品牌，小麥色是它的顏色，使用的皮件為高級小牛皮是品質水準，規格則有多種樣式，包裝則有專屬的LV包裝盒或紙袋等。

而在服務業上，例如：肯德基，其品牌樣式一想便知道是那慈祥可愛的肯德基爺爺，而顏色多以紅色為底色當做整體門面的包裝；又或者如統一7-11品牌代表物就是「7-11」這個符號，門市外觀包裝則以紅色、綠色、橘色為基礎。

（三）附加產品 (augmented product)

附加產品為超出有形產品範圍以外的額外服務或是利益，一般來說均以無形的服務居多，像是交易信用條件、運送、使用說明、安裝、保證、售後服務、維修等等。例如：購買手機時，店員提供詳細的產品規格及功能解說、產品保固年限、及損壞維修保證、信用卡交易、分期付款等皆屬於附加產品的範疇。

二、服務的組成

臺灣自經濟起飛以來，服務業市場的競爭越來越激烈，如果無法在眾多的對手中找出公司本身的差異性，並且受到消費者們的青睞，那被市場機制所淘汰絕對是無可避免的，因此該如何讓公司可以永續經營就端看企業是否可以持續的創新與清楚明確的將本身定位。

而當業者在決定本身的定位以及創新的決策時一定會去思考，要在什麼地方表現出差異？目標市場為何？等等的問題。而要解決這樣問題的首要條件就是必須了解，服務本身的組成結構，唯有對本身有相當透徹的了解，才能清楚知道該如何著手進行企業的定位與創新，否則一切只能淪為空談而已。

服務行銷的基本精神就是要從消費者的角度去觀察與思考問題，必須要先知道這些消費族群他們想在服務中得到什麼、關心什麼以及如何對本身企業的服務做出評價。唯有站在消費者的角度去思索這些事物，才能徹底的了解服務的組成結構為何，並且勾勒出整個服務的架構。

在服務組成架構的相關研究中，最常被提及的便是由服務行銷的著名學者Lovelock所提出的「服務花朵」理論架構。消費者所關心的是他所購買的特定服務帶

來什麼樣的效果，而這樣的效果是否能夠達到他們的要求，這就是「核心服務」，也是「服務花朵」理論的花瓣中心，然後在服務傳遞到消費者身上的過程中所進行的步驟則稱之為「附屬服務」。這些步驟依附在花瓣中心的外圍總共有八種不同的服務項目，這八種服務項目又可依兩種不同的功能性做分類，分別為：「促進性服務」(facilitating services)如顧客資訊、接單、結帳、付款方式；以及「強化性服務」(enhancing services)如諮商、保管、接待、例外服務。如圖7-1所示，以下分別介紹「核心服務」與八項「附屬服務」的定義。

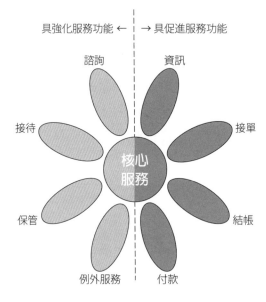

♥圖7-1、服務花朵

（一）資訊 (information)

服務的無形性，使消費者在購買前所感受到的風險較有形產品為高，因此消費者需要蒐集正確的資訊資料來比較該服務的價值所在、比較不同方案的差別、以及如何取得該服務等，而這些資訊通常包括企業的聲譽、服務口碑、服務地點、收費方式、服務的理念與效益等等，而有些服務是需要持續長時間的，所以在服務進行中也需要提供資訊。

資訊除了必須正確之外，還需要即時與易懂。所以，該如何發布資訊就是管理上相當重要的決策，一般發放的地點如：平面媒體、電子媒體、戶外看板等，而近幾年來更是結合科技的管道如：光碟、網站、觸控式螢幕等。以搭乘捷運為例，從一進入

捷運站開始，售票口便有各站地點的前後位置資訊與各站價格，而進入捷運站後，在月臺上也會有LCD螢幕顯示下班列車到站時間，最終進入車廂後，所有停靠站也會以廣播告知，上述皆是在服務進行中仍持續提供資訊的展現。

（二）接單 (order taking)

當消費者利用資訊認識該服務之後並決定要購買時，企業也將會開啟另一項服務項目也就是「接單」，在接單的過程中包含三個部分，分別為「申請」(application)、「接收訂單」(order entry)、「預約報到」(reservations and check-in)。

1. 申請

在某些服務上可能為了控制人數、選擇顧客、維持服務品質而必須填寫相關的表格等，並經由企業人員的處理，方能享受服務。例如：健身中心須先填寫個人資料和繳交相關會員費用才可以進入該俱樂部；申請信用卡，必須先填寫個人資料，再由發卡銀行進行申請者的財務狀況審查並了解是否有無不良信用紀錄，來決定發卡與否。

2. 接收訂單

此指對交易訂單的實際處理動作，一般來說可以分為現場接單以及遠距離接單兩種。現場的接單通常要求服務處理人員必須要快速、正確、即時；而遠距接單大部分的方式有電話、郵寄劃撥以及網路接單等三種方式。

3. 預約報到

顧客可預先約定接受服務所希望的時間、地點、內容，企業針對預約顧客來時，處理報到登記，例如：餐廳訂位與旅館等，都有預定的制度；而要進行健康檢查時，醫院有專屬的報到地點，所以報到地點的環境以及人員工作效率也相對重要。

（三）結帳 (billing)

當服務進入尾聲時所需進行的步驟即為結帳，也就是總結整個服務過程中的費用並且告知顧客。結帳的方式有服務人員的口頭敘述、手開收據、電腦列印、定期寄送報表等。在結帳時有幾個基本要求分別為：1.帳單之登入與計算要正確。2.帳單的催收需要注意服務細節。3.帳單疑問之處理須迅速。無論是什麼樣的方式，清楚易懂且確實的結帳方式是最基本的要求，必須要達到這些要求才不會使消費者的信心動搖造成不滿。

（四）付款 (payment)

付款主要是指顧客以直接或是間接的方式交付享用服務的費用，並由企業完成服務交易的最後服務動作。一般付款的方式可以分為兩種，分別為自助服務付款和直接付款兩種。

1. 自助服務付款

此指消費者自己進行付款的動作，不需藉助服務人員，例如：儲值卡儲值、電子轉帳、購買捷運車票、網路線上交易轉帳等。

2. 直接付款

此指讓服務人員收付款項完成付款動作，例如：量販店結帳時由收銀員接收消費者現金的動作等。

（五）諮詢 (consultation)

針對顧客要求，著手深入對談，並進而提出特定的解決方案。例如：消費者想要來一趟歐洲文化之旅，就會前往相關的旅行社進行意見的詢問，由旅行社負責的解說人員為消費者說明該行程所需的費用，以及哪些值得觀賞的景點與注意事項等等。

（六）接待 (hospitality)

接待指的是在顧客尚未真正進入核心服務前，包括剛抵達服務地點之等待階段的服務人員和設施的表現。

無論是透過面對面、或者是電話、網路，在此迎接消費者的階段，服務人員所表現出的態度與精神以及服務的效率，對於顧客的服務品質感受、滿意度等都會有相當大的影響，像是顧客必須長時間待在服務現場的公司，接待的重要性更是不言可喻，例如在旅館、機場、醫院等，接待的品質更易影響到消費者對於該公司的評價。

（七）保管 (safe keeping)

保管是針對客戶或隨行人員、寵物和財物之保管與照料，針對顧客購買之商品，進行運送和保管之責。

例如：游泳池內都有讓人托放物品的置物箱或是代為保管的專屬櫃檯，而餐廳或旅館所提供的專屬停車場也是一種保管服務的方式。臺灣的百貨業者在週年慶時也提供了一種對於顧客的專屬服務，購物滿某個金額時即贈送物品免費運送到府的服務，使得消費者不用為了購買太多的商品不知道如何運送而傷透了腦筋。

（八）例外服務 (exceptions)

此指正常服務外的服務，在一般情況的服務過程中常常可能會出現許多例外的狀況或是複雜多元的需求，企業應該要有預知的心態並且在事前做好因應的規劃，讓相關的員工了解這些因應計畫並且經常性的演練，以避免真正碰到問題時而目瞪口呆或徬徨不知所措。通常例外服務可以分為：

1. 特殊要求

顧客常會因為本身的特殊需求，而要求特殊的服務。例如常常在電視上所看到的有趣廣告，蚵仔煎的小吃攤，會有消費者要求老闆來一盤蚵仔煎不要加蚵仔，又或是吃麻辣鍋時要求大辣、小辣或是另外弄一個不會辣的鴛鴦鍋等，皆是特殊要求的例子。

2. 問題解決

當服務的傳送沒有辦法如期正常的運作，那企業就有責任去為消費者解決問題，例如：購買家電產品，在保固期內卻發生故障，那店家就必須要負責整體的維修責任，以及解決在維修期間無法使用該產品時的損失，並做出賠償等。

3. 顧客建議或抱怨之解決

當顧客在接受服務時可能會因為本身的習慣或是不適應而產生建議或是生氣的抗議，此時服務人員必須要以最快的速度做出反應，並且快速的解決事情，以免影響到其他消費者的權益與觀感，例如：KTV的音響故障，或是麥克風沒電，服務員就必須要立即的進行更換與維修以求最短時間恢復原有的服務品質。

4. 賠償

賠償就是當服務產生失誤且狀況嚴重的時候，通常消費者就會要求企業賠償，像是給予免費的服務、退款或是折扣等，服務人員必須能做出可以安撫顧客情緒的賠償，但卻也不能過度，使公司造成更多不必要的損失，這方面的衡量是公司管理者必須注意且教導第一線服務人員的。

以上服務花朵的觀念就是在強調：企業除了本應著重的核心服務之外，仍須相當注意顧客資訊、接單、結帳、付款方式、諮詢、保管、接待、例外服務的八項「附屬服務」。這是一個相輔相成的道理，當核心與附屬可以互相配合且執行正確的時候，想必該服務花朵絕對是綻放光芒、耀眼繽紛的，也可以得到顧客們最高度的肯定與滿意。

7-2 新服務的規劃

一、新服務推出的策略概念

現在企業之間競爭激烈，原有的服務水準越來越不能夠滿足消費者的需要，因此不斷的推陳出新是絕對必要的事情，不論是公家機關或是私人營利單位，想要繼續維持住顧客的數量就必須不斷的創新。

新服務推出的狀況可以說是日新月異，一日千里，而對於推出新服務的積極度和實際狀況又可以分為四項策略與概念。分別是，1.市場滲透(market penetration)、2.市場開發(market development)、3.服務開發(service development)、4.多角化(diversification)，這四大項目如表7-2所示，其定義與解釋如下。

(一) 市場滲透

市場滲透指的是原有服務針對原有市場擴大銷售，並且鎖定那些原顧客群中不願意購買的人們。例如：瘦身用品，無法針對本身認為並無肥胖問題但卻超出健康體脂肪指數的人使用，但若再加上有保健養身的效果，或許可以使他們改變態度。

(二) 市場開發

市場開發是將原有的服務擴展到新的客戶群身上。例如：有屬地主義的職棒運動，如何吸引其他縣市的觀眾進場支持該球隊；又或是時尚夜店原只針對一般學生族群，進而以下班需要釋放壓力的上班族群為對象；還有信用卡原只針對一般有收入的上班族群，進而延伸至學生族群身上，使他們擁有使用信用卡的觀念等等。

(三) 服務開發

服務開發是在既有的顧客群不變的狀況下，開發新的服務項目，這是維持顧客忠誠度的最佳方法。例如：遊樂園區每年都會建立新穎的遊樂設施來吸引原有的消費者，像是六福村遊樂園區、劍湖山世界便是相當典型的例子；又或者是電信業者除了提供電信通話的服務外，也加入網內互打不用錢這樣的優惠服務來吸引原先流失的族群；還有傳統的便利超商加入了代收帳款、影印文書處理、快遞等新服務的方式來吸引消費者等，這些都是屬於服務開發的範疇。

（四）多角化

　　多角化指的是新服務與新市場，通常此類型的開發成本是最高的。例如：傳統的臺鹽公司開始販賣利用鹽類所研發成的美容保養品、臺糖設立加油站的服務、或是傳統統一集團設立休閒娛樂會館，從事休閒產業的開發等等，由於是從事與本業差距甚大的新服務，所以開發的成本才會如此高昂。

➡ 表7-2　新服務推出的策略概念表

目標市場 服務型態	原市場	新市場
原服務	市場滲透	市場開發
新服務	服務開發	多角化

　　以下有幾個新服務推出的相關案例將有助於了解組織如何推出新型的服務。

（一）星巴克在 2019 年宣布開發自家的人工智慧 —Deep Brew

　　為了優化營運流程與消費者體驗，星巴克在2019年宣布開發自家的人工智慧—Deep Brew。Deep Brew可以針對不同情況推薦消費者不同的商品或優惠：若你過去只點熱咖啡，它會推薦給你其他冷飲的選項，讓你可以熟悉更多星巴克的產品；當店裡繁忙時，它就會推薦顧客外帶美式咖啡，以降低店家準備的時間。在營運流程方面，Deep Brew可以自動化調整全美國數百間店每日的存貨與訂單、其支援分店的人員工作時程，以優化客戶以及合作廠商的體驗。除此之外Deep Brew 也推動全國零售龍頭夥伴的數據看板(dashboard)，甚至針對全球主要市場，提供疫苗施打的預測分析模型。

（二）商業模式創新 IKEA 租賃服務，落實循環經濟

　　知名瑞典家具廠商IKEA，主要商業模式為販售家具，直到2020年IKEA家具租賃服務終於在臺推出，第一個客戶就是臺北101，希望能夠落實循環經濟的理念。IKEA推出企業所需要的家具與擺飾，只要合約到期，便會回收家具，並將這些二手家具清理翻新後，再以折價的方法賣出或是重新出租。IKEA打破傳統家具製造、購買、使用、丟棄的傳統商業模式，實現循環經濟的商業模式；做為全球性的家具品牌，IKEA希望能夠對人類與環境產生正面影響。IKEA的租賃服務從以往用完即丟的線性經濟，轉變為循環經濟，這也就是我們在談的創新商業模式，更是實踐ESG的一種創新手法。

PART
3

（三）東森房屋網站新服務—社群的推播功能與 3D 街景服務

東森房屋網站搭上Facebook的社群潮流，成為第一個在Facebook上製作各家銀行房貸的試算，以及星座與血型適合什麼樣的房屋這樣的議題，並以遊戲的形式出現的仲介品牌。不只在Facebook上成立粉絲專頁，也是目前唯一有開發與Facebook有關的房仲業者。

另外，現在只要是臺北縣市的物件，東森房屋網站都貼心的幫物件加上了Google的3D街景服務，讓網友可以看看物件周邊的交通與景觀概況，讓網友看房子，可以看的更清楚些，再決定是否要到現場或預約看屋，節省看屋與尋屋的時間。在物件的內容裡，更加上了可以讓網友分享給朋友的Facebook、Plurk、Twitter等推播物件的功能，讓線上看屋也可以透過很輕易的方式，分享給親友觀看所感興趣的物件。

（四）美國動物園聘請大象洗車應對資金困難

國際線上專稿：據英國《每日郵報》7月20日報道，美國一野生動物園日前為了應對信貸緊縮，竟然聘請大象為遊客洗車。

美國很多公園和動物園都遇到過資金困難，這家野生動物園聘請大象的舉措吸引了不少遊客，增加了門票收入。大象的飼養員在留意到它們喜歡噴水後萌發了這一創意，這樣一來，遊客獲得了一個與大象親密接觸的良好機會，這些笨重的大象也可以玩水了，真是一舉兩得。另外，由於信貸緊縮，動物園的食品採購也出現了資金困難，大象洗車籌集到的資金真正起到了作用，但是，園方並沒有保證遊客的汽車將會得到充分清洗，目前遊客使用這項服務尚不需要進行提前預約。

7-3 新服務的發展步驟

一、新服務發展架構

每一個企業都盼望能開發出壓倒一切競爭者的創新產品，但面對市場、技術等諸多的不確定性，企業應採取怎樣的新產品開發程序，以及應如何管理新產品開發的過程，才能有效的趨避新產品開發風險並創造競爭優勢，這是每個企業都需要學習的。

　　一項新服務開發也可以將它視為一種實體新產品的研發，其過程必定要嚴謹且有依據與程序，才能使最後產出的新服務有存在與到市場販售的意義。一般來說，新服務開發可以分成如圖7-2的八大步驟，並且循序發展。

　　新服務的發展除了要有嚴謹的順序外，明確定義新服務概念，也是新服務開發過程中一件極重要的工作。新服務由於關係人利益動機的不同，一般都具有多個構面的概念，例如：顧客、經銷商、供應商、行銷人員之間，對於服務的認知都會有所差異。

　　因此，所謂發展核心產品概念的目的，就是希望能綜合出一個兼顧各方利益，大家都可以接受的一個服務定義。由於新服務開發往往要經過冗長的過程與各方人員的參與，因此預先形成新服務開發的明確概念，將有助於增加共識與溝通，同時新服務概念也是考量企業整體競爭利益後，做出最適合的服務開發決策。

　　以下就圖7-2中新服務發展步驟的每個層次所包含的意義進行說明與分析。

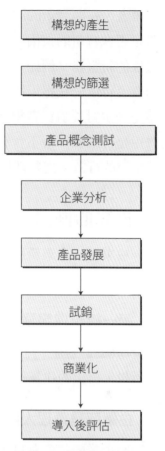

❤ 圖7-2、新服務發展步驟

二、構想的產生

　　構想就是一種策略，策略可以說是構想的結果。簡言之，構想就是策略產生前的前置作業，通常構想的來源可以從天馬行空的想法、行銷人員的經歷體驗、研究期刊的內容、產業演講的論述得到。

　　有了構想之後就會進一步的產生策略，構思一個好的策略是讓企業整體資源規劃和有效運用的最高指導原則。若是沒有好的策略，則企業在各項資源的運用上，只會變的毫無頭緒像無頭蒼蠅一般，徒增浪費。因此，所謂的前置思考就變的相當重要。例如：要開發一項新的服務方式，必須先想到這是針對新的客戶群還是原有的消費市場，若是新的客戶群，那這新的客戶群是否值得開發？對於公司原有的聲譽或是知名度是否會有加分的效果？以及新客戶們的接受程度為何？這些都是要事前考慮周詳的。

再者，在開發新的服務時，對於企業內部也有許多細部問題需要思索，像是新的服務是否會有新的技術要克服？是否會造成企業更多的財政負擔？消費者是否能夠接受這樣的新服務？例如：永慶房屋在2007年推出的超級宅速配服務，使想要購買房屋的消費者可以先在線上挑選喜歡的房子或是地點，然後再進行詢問與購買。乍看之下的確是一個對於購買者相當方便的服務，但是其網站的更新是否能夠即時，以及維護的費用是否划算，會不會有消費者在這網站獲得詳細資料之後而轉向其他的房仲業者進行購買的行為，這些都是必須再推出新服務之前就要仔細推算以及考量的。

三、構想的篩選

一般來說，企業新服務的構想通常來自組織內部與外部，而內部的創意來源可分為三種，說明如下。

（一）第一線現場服務人員

位處服務現場，對於第一線服務是否有所不足以及該如何改善，最有感受與了解。所以，提出的建議通常相當有代表性。

（二）企劃或是管理人員

一般企業內都會有專門的企劃或是研發部門，負責定期的想出新的服務方式與活動企劃，並且定期檢討目前服務的缺失並且改進。

（三）高階主管

高階主管通常位於企業的頂端，容易接收到其他企業的資訊，且本身擁有決策的主控權力。因此，本身的思考與想法也常常成為企業新服務出現的來源。例如：裕隆推出的電動車自有品牌，LUXGEN就是裕隆的董事長嚴凱泰的構想。

組織外的創意來源則有以下兩個部分：

（一）顧客

顧客本身就是接受服務與購買服務的對象，所以，服務的好壞他們通常會有深刻的體會，而他們的意見往往會是企業未來新服務發展的重要概念。所以，常常可以在很多服務場所看到所謂的顧客意見箱或是0800免費服務電話等來搜集消費者們的建議與訊息。

（二）專家

在一項產業中通常都會有專門的人員在從事該產業的研究，像是學校的教授或者是專業研究機構的學者，他們對與某些產業或者領域通常相當專精也熟稔國外的相關作業模式與學術理論。因此，常常也可以帶給內部企業人員不同的意見與想法，這也是為什麼許多企業都會請外界的專家學者當公司專屬顧問的原因。

當企業內新服務的構想已經出現時，該如何選擇哪些構想是下一項需要執行的項目。篩選的來源通常是根據技術、企業目標、與競爭的優劣勢等三項進行之。

（一）技術

一項新服務的構想是否能夠付諸實行，有一項很重要的因素就是在於企業內部的技術是否能夠支援。例如：早期的各地名產，必須要親自到當地才能購買取得，而一直到現今網路資訊以及物流業的進步，才開始出現「在家上網訂購，即可宅配到府」的服務。

（二）企業目標

一項構想要執行首先必須考量的就是企業本身所制定的目標是什麼，而在服務業上就是目標的客戶群為何？例如：開在學區裡的餐廳，其客戶群大部分即以學生族群為主，所以他們的服務構思就會建立在如何吸引學生族群上，包括：憑學生證即可享有折扣的優惠，或者是額外的餐點服務等。

（三）競爭的優勢與劣勢

企業在進行新服務構思的篩選前必須先考量到本身所擁有的競爭優勢是什麼，而缺點又是什麼。例如：一間餐廳本身的優勢在於擁有美味的餐點與低廉的價格，而劣勢在於位處偏僻的地段不容易讓消費者發現，那他們的新服務構思要著眼於如何讓消費者發現這隱藏與偏僻巷弄的美味店家，或許可以利用消費者食用過後的感想在網路上建立部落格，並且廣為流傳，使其他消費者經由網路訊息得知該店的美味訊息而前往消費等。

四、產品概念測試

基本上服務通常是無形的，因此，產品的概念測試就是在評估如何向一個新的服務進行「具體化的描述」，並且透過內部的溝通先讓企業人員了解此一新的服務概念為何，然後開始向外對消費者進行調查，了解他們對於此新服務的特性與利益是否感到興趣，這就是此階段的工作。

PART
3

例如：一間24小時的保齡球館想針對凌晨的冷門時段進行促銷的活動，除了先讓內部員工知道此活動的基本概念，以及活動實行後該冷門時段的顧客人數可能會增加提升工作量之外，接下來就是針對這些消費者進行調查，可能利用問卷的方式或者詢問現場消費者的方法，先行了解這樣的促銷活動是否可以使顧客提升在冷門時段來保齡球館進行消費的意願。

五、企業分析

假定該服務概念經顧客及員工在概念發展階段加以有利評估之後，下一個步驟是去估計經濟可行性及潛在的利益涵意。在這階段所要評估的是需求分析、成本分析、收益分析及作業上的可行性分析等，如圖7-3所示。因為服務概念的發展與組織的作業系統緊密連結，所以這階段應包含對於僱用及訓練人力的成本、傳遞系統的提升、設施的改變、以及任何其他預估作業成本等的初步假設。組織必須將商業分析結果經過獲利性與可行性的審查，以決定是否該新服務概念能符合最起碼的要求。此階段的分析必須要有精確的數據來提供佐證，而不是只有口頭上「好像可以」、「感覺不錯」這樣主觀沒有可信度的口頭表達而已。

例如：像前述保齡球館的例子，想要針對冷門時段進行促銷活動，須先鎖定目標族群，若是界定為較無時間上限制的學生族群，則要開始計算在保齡球館周邊學校的學生數量，以及可能接受該促銷活動於冷門時段進入館內消費的人數。在成本分析上，則是要計算是否要再投入多少的人力，以及後勤支援，還有在該時段是否會增加哪些設備上的成本，例如：用電量以及設備耗損率是否會增加等，都必須要計算在內。然後在收益分析上則要訂出冷門時段的優惠價格為何？可能的入館消費人數，從中推算每月收益。最後的可行性分析則是要思考在實際的優惠措施進行時，是否會有執行上的問題？例如：如果人潮出現，球道數量是否足夠消化該時段的消費者等。

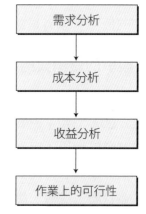

♥圖7-3、企業分析概念順序圖

六、產品發展

在企業分析之後明確獲得預計收益會超過成本，且能產生獲利，其可行性也不會造成企業在作業上的困難後，行銷人員就必須對於這個新產品也就是新服務的概念，開始進入執行測試的階段。首先，必須先在企業內部實際的測試此概念，確認內部人員是否認同此一新服務且可以確實執行；接著就是對於第一線服務人員、後勤支援、各主管階級，各層面人員所要負責的任務與功能，皆需要利用圖表或是文字的方式明確清楚說明，並且最後開始進行產品的實體化、功能測試、消費者測試等。

如以前述的保齡球館促銷計畫為例，確定要推出冷門時段的優惠活動後，首先對內部員工進行測試，詢問是否認同且贊成此一方案，是否對於該時段的工作量增加產生厭惡或排斥等問題，接著對於該時段所增加的工作內容與各層級所需執行的工作皆詳細的以圖表文字加以說明清楚，以利開始產品的實體化、功能測試、與消費者測試。

（一）實體化

確定此新服務的開始時間為何？優惠的訂價為何？

（二）功能測試

測試冷門時段的優惠價格是否可以確實吸引消費者進入，而除了價格的優惠外，是否還可以加入其他的優惠服務等。

（三）消費者測試

一開始如果對於消費者還有不確定的因素存在，可以先從該保齡球館的會員小部分開始進行優惠活動，進行測試，如果發現其銷售內容良好則可以開放至所有入館的消費者上。

七、試銷

當企業對新服務準備妥當之後就是開始進行試銷的動作，試銷（又稱市場試驗）是許多新產品在開發過程中，達到上市以前都需要經過的一個階段。但這並非是一項例行事務，而是需要進行專門的決策，認真解決是否需要試銷，在何處試銷，採用什麼樣的試銷技術，如何組織和控制試銷等重大問題的工作。

PART
3

（一）試銷的好處

1. 試銷可以保證新產品大規模投放市場時的安全，在某些案例中，即使安全通過了產品試驗，新產品也難保不在推向市場時遭到失敗。

2. 試銷給管理人員為新產品擬定的市場營銷組合提供了一個「實驗室」，以比較不同的市場營銷組合方案，選出最優方案。

3. 通過試銷可以實際了解消費者類型，態度和與競爭產品比較的結果，由此可以幫助企業修正目標市場，估計銷售水平，並且為廣告和推銷方式選擇提供參考意見。

4. 試銷中可以發現產品的缺陷，以便於即時改進。

（二）試銷的主要缺點

1. 試銷成功並不意味著以後的市場銷售就一定成功，這主要是因為消費者的心理和習慣不易準確估計，競爭情況複雜多變，經濟形勢難以預料等。

2. 試銷的費用和時間占用是可觀的。根據美國的資料，對於準備推向全國市場的新產品或新服務，花費25萬美元在兩個城市試驗市場進行試銷，是具有代表性的數目，且試銷所用的時間有時相當長，可達半年至一年之久。

3. 試銷期間給競爭者提供了發現你的計畫的機會。競爭對手將會窺視你的試驗，竊取你的成果，由此迅速發展他們的新產品或制定競爭對策。

新產品市場試銷的目的是對新產品或一項新服務正式上市前所做的最後一次測試，且該次測試的評價則是消費者的消費意願。儘管從新服務構思到新服務或產品實體開發的每一個階段，企業開發或企劃部門都對新產品進行了相應的評估、判斷和預測，但這種種評價和預測在很大程度上帶有開發人員的主觀色彩。最終投放到市場上能否得到目標市場消費者的青睞，企業對此沒有把握，通過市場試銷將新產品投放到有代表性地區的小範圍的目標市場進行測試，企業才能真正了解該新產品的市場前景。

以上述的保齡球館為例，若到了試銷階段，保齡球館需選定可能一開始只以每一星期的某一天的某一時段作為促銷的時間點，先行試辦，可以為期一個月或是更久，並且在這時段中計算是否比以往增加更多的來客數，並且研究這些消費者願意在此時段入館的理由為何？有何其他的意見想要提出？最後在資料蒐集齊全後，並且發現該項新服務對於業績有正向的效果，才可以全面開始此服務政策，將時段不再只侷限於一星期的某一天，而擴大至每一天的冷門時段上實施。

八、商業化

商業化是指在試辦或是試銷成功後，企業可以開始進行是否全面推動上市之決策評估。在此階段的重點工作在於，服務人員是否能夠遵照服務的規範執行服務的傳送。

例如：中國石油公司曾在2004年於國內舉辦首次的全自助式加油的新服務概念，此方式是讓顧客可以自己用油槍自行加油，並且透過信用卡的方式付款取回收據等，於自行加油節省公司的人力成本。中油利用自助加油者每公升可以便宜1.2元的方式吸引消費者，經過試銷之後最後上市時，在自助加油站的地方仍然會存在著1-2名的服務人員，檢視消費者在自助加油的過程中是否有不了解整個加油過程或是刷卡付費手續的地方，協助執行加油與結帳的程序。

九、導入後評估

通過事前的詳盡評估與試銷之後，新的服務或是產品開始上市後卻未必皆能夠獲得消費者的喜愛或者是讓企業獲利。因此，導入後評估的用處，就在於當新的服務推出一段時間後，即開始重新回頭評估此一新服務的實際成效為何？以及對公司的聲譽是否有所影響，還有顧客的觀感及口碑等，反省是否有需要改善的地方，是否該對新服務維持原狀，或是需要改進某些部分，甚至終止新的服務等，都可以從導入後評估中來做出決定。

PART 3

臺灣觀光發展新契機

　　為因應疫後轉型新契機，開創旅遊新時代，交通部觀光署於2023年11月17日於集思交通部會議中心3樓國際會議廳，舉辦《用心在地∞榮耀臺灣》2023臺灣觀光高峰論壇，開場即透過跨部會間圓桌對談揭開序幕，共同合作將臺灣觀光資源整合，探討臺灣觀光未來的產業走向，會中特邀觀光、科技、氣候、媒體及運輸等多元領域產業產官學研參與，引領觀光產業朝雙軸「永續發展╳數位轉型」前進，以建構臺灣大觀光生態系，實現2030永續觀光願景。

實現觀光立國願景　部會攜手齊推觀光

　　行政院陳建仁院長表示，全球觀光產業逐步復甦，臺灣獲選美國旅遊雜誌「最喜愛的冒險旅遊目的地」(Favorite Adventure Destination)獎項，顯示造訪臺灣的世界旅人，喜好體驗自然和戶外活動，感受濃厚的臺灣人情味，以及享用最道地的臺灣美食。臺灣觀光產業正在穩定回溫，行政院今年10月推出"Time For Taiwan"國際形象影片，向國際介紹一天24小時的臺灣，透過鏡頭向全世界介紹臺灣的美好，而行政院會做觀光署最好的後盾，提供更多的資源與協助，全力支持觀光署所提的觀光產業提升方案，透過部會齊推觀光，整合部會豐富觀光資源，一起振興觀光產業，提供臺灣觀光優質友善服務，共同擦亮「臺灣」品牌。

　　交通部王國材部長致詞時表示，今天的論壇，在臺灣重啟國門的一週年後舉辦，整合資源和Know-How建立永續的大觀光生態系，透過強化環境共生、文化傳承、地方體驗，以及透過創新思維和人才培育，創造價值夥伴引領觀光產業正向發展，提升至國家經濟社會的重要地位，讓臺灣一步步成為世界矚目的旅遊勝地，持續深化臺灣魅力。

《用心在地∞榮耀臺灣》　共創臺灣永續觀光

　　本次論壇由交通部觀光署周永暉署長主持圓桌對談，將以觀光署為平臺擴大「三部二會」的合作，攜手文化部、農業部、教育部、客家委員會及原住民族委員會等跨域觀光治理，豐富臺灣旅遊體驗的內涵，共同壯大臺灣觀光產業，打造永續、韌性、符合時代脈動的大觀光生態系。行政院鄭文燦副院長督導觀光業務，今日也特別到場為觀光產業加油打氣，並表示推動觀光，要集結群眾智慧，由觀光署領航搭配各部會多樣性資源加值臺灣觀光。

　　首度透過聚焦「永續X跨域」、「品牌X治理」、「創新X培力」、「科技X未來」等議題進行跨域專家對談與發想，挖掘臺灣觀光發展的新趨勢，打造品牌化、國際化的

升級版服務品質,形塑引人入勝的觀光魅力。本次論壇從觀光業者的經驗與洞察,探討"Brand in Taiwan"出發邁向"Taiwan as a Brand",將臺灣打造成獨特的國際觀光品牌,接續將臺灣旅行的意義,透過「親山、親海、樂環島」的三大主軸讓世界看見臺灣,使寶島臺灣成為世界的獨特旅遊寶地。同時為塑造更經得起時間考驗、富有底蘊的旅遊體驗,尋找跨產業合作創新、培養人才、引領產業動能的可能。透過科技提升景區的管理效率,創造更便利的旅遊型態,提供更好的遊客體驗,進而推動觀光產業的永續發展。

建構大觀光生態系 臺灣觀光躍升國際舞臺

大觀光生態系的運轉,需要創新及人才共同推動;大觀光生態系的永續經營,則需要跨域的永續治理。為應對轉型新契機,開創疫後旅遊新時代,觀光署期以「減法設計」為主軸,藉由數位孿生打造在地化且具國際魅力景區、輔導地方創生亮點,同時強化產業界合作、推動低碳永續旅遊、深耕在地旅遊體驗,期將臺灣觀光能量發揮到淋漓盡致,展現臺灣觀光永續價值。

本次論壇觀光產業業者、關心臺灣觀光產業發展的先進共同參與,為臺灣觀光產業發展注入新思維及推動力,期待透過每位參與者展現臺灣這塊土地的熱忱、對觀光產業發展的責任及決心,攜手各界共同開創永續、韌性的旅遊新時代。讓臺灣觀光能夠在國際舞臺上綻放光彩,成為世界矚目的旅遊勝地。

問題與討論

1. 服務的規劃可以分為四項策略與概念分別是:(1)市場滲透、(2)市場開發、(3)服務開發、(4)多角化,請從個案中探討交通部如何利用這四點推銷與規劃臺灣的觀光服務產業,並加以論述。

2. 從個案中你認為臺灣未來觀光產業的關鍵成功因素應該為何?

MEMO

CHAPTER **08**

服務訂價

8-1 訂價的意義

8-2 影響服務訂價的因素

8-3 服務訂價的方法

8-4 服務訂價的策略

8-5 價格調整管理

SERVICE
MANAGEMENT

　　每個營利組織和非營利組織皆須為行銷的產品與服務訂定價格，雖然非價格因素在行銷過程中所扮演的角色日益受到重視，但價格仍是行銷組合中重要的一環。

　　產品的價格被認為是影響消費者購買與否的主要因素，從企業的角度來看，價格是市場中主要的競爭策略之一，價格也是企業收入和利潤的重點來源之一。相較於產品、通路和推廣等其他行銷因素，價格算是創造收益的主要要素。產品的價格從經濟學的角度來看，是由雙方供需來決定的，以供給函數及需求函數交叉所決定的均衡點來決定均衡價格，同時也代表著賣方與買方對於商品的價值認定，所以價格決策是廠商行銷策略之一，也是消費者購買決策的關鍵因素。然而產品在訂價過程中，除了考量市場供需的影響外，也要考慮到當時的經濟狀況、競爭情形及其他有關的因素。

8-1　訂價的意義

　　訂價概念可以從經濟學說起，如市場中產品供給與需求均衡時，便可決定一個雙方皆可接受的價格。也可以從心理學的角度探討，對於消費者而言，價格是外在的訊息線索或信號，消費者可以從商品或服務的標價來推論其品質的高低。也可以從市場制度之研究來觀察，發現價格是市場結構的規範性決策變數，如獨占性訂價、雙占訂價、寡頭訂價、管制者訂價，代表著不同的市場結構有不同的訂價方式。

　　至於價格與品質的關係，我們可以由以下的情況來說明。當我們購買一項產品或服務時，最常考慮的就是價格的高低。最主要的關鍵除了個人的購買能力之外，就是價格可以做為產品或服務品質高低判斷的訊息依據。理論上，消費者判斷訊息有兩個構面，「信任價值」與「知覺價值」。信任價值是衡量消費者如何確定他所想要的線索，知覺價值則是衡量線索連結特定產品或服務屬性的情形。消費者視價格為品質與其他屬性的連結介面，因此，訂價策略的重要性除了反應廠商利潤之外，也會關係到消費者對於品質的推論。

　　有許多學者對價格與品質的關係做了許多研究，Jeong and Lambert (2001)認為選擇高價格產品的消費者，認定價格為判斷產品品質的一項優良指標。其次，對於非經濟購買的產品，其認定價格與品質的關係較強；至於經常購買的產品，價格與品質的關係則較弱，意指價格與品質的關係可能會受到該消費者對產品的購買頻率高低所影響。此外，價格與品質關係，與品牌與知覺品質之間具有正向關係(Rao & Monroe,

1989)，代表除了價格線索之外，品質線索也可以做為產品品質的推論基礎。最後，價格扮演成本與品質指標的雙重資訊角色(Crane, 1991)，價格所反映出的不只是生產成本的高低，更進一步顯示品質的狀況，所以更能確定價格可以做為服務或產品品質判斷上的重要線索。

8-2 影響服務訂價的因素

　　一個企業的產品訂價，受多項內在因素與外在因素的影響，如圖8-1所示。內在因素包括了行銷目標、行銷組合策略、成本及訂價的組織。外在因素包括了市場和需求性質、競爭狀況、與其他環境因素。

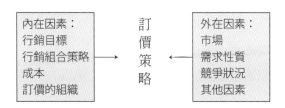

♥圖8-1、影響訂價策略之因素

一、影響訂價策略的內在因素

（一）行銷目標

　　一般訂價的目標有求生存、求本期利潤最大、領先市場占有率、領先產品品質等。

1. **求生存**：公司在面臨生產過剩、競爭激烈或是消費者需要變遷時，都會把「求生存」當成訂價的目標。為了讓工廠繼續運轉，增加存貨週轉率，生存遠比利潤來的重要。

2. **求本期利潤最大**：許多公司訂價在求本期利潤最大。他們估計各價格下的需求和成本，選擇一種價格使本期利潤、現金流入量和投資報酬率最大。總而言之，公司重視是本期的財務成果而非長期的成果。

3. **市場占有率的領先**：有些公司會爭取最高的市場占有率，相信擁有較大的市場占有率會使成本降低，獲得較高的長期利潤。為了爭取市場占有率，會盡量壓低價格。

PART 3

4. **產品品質的領先**：也有公司以產品品質領先為其目標，通常需要以高價位來分擔高品質和研究發展費用。

5. **其他目標**：廠商也會以價格來達成其他特殊目標，如降低價位減少競爭者分散市場，或與競爭者定同一價位來穩定市場。「價格」可維持零售商的忠誠和支持，或者避免政府的干預。亦可以暫時降低價格來引起對產品的好奇心，及吸引更多的顧客走入零售商店。一項產品的訂價會刺激顧客對其他產品的購買慾，因此訂價在協助公司達成許多層次的目標上，都占有很重要的角色。

（二）行銷組合策略

產品的訂價只是行銷組合的工具之一而已。一般來說，企業的訂價政策必須和產品設計、通路、促銷等決策來協調與配合，如此才可形成一致性和有效的行銷方案。所以行銷組合中，每一項變數彼此之間都有相互的影響。如透過中間業者來轉售及推動其產品，在訂定價格時，就需要為中間業者預留更大的邊際利潤。

企業必須要先決定他的產品的訂價政策，來做為價格訂定的基礎，接著配合其他的行銷決策。價格一般來說都決定在先，而後決定產品的特性，也決定了產品應有的成本水準。

行銷人員在訂定產品價格時，務必要考量整體的行銷組合。如果一個產品是以非價格因素的定位來做依據，則該產品的品質、促銷、通路等決策都會影響產品的價格。但如果產品是以價格因素為定位做依據時，則該產品的價格便會影響到其他的行銷組合決策。大多來說，企業是以整體的變數來考量，而來決定行銷方案。

（三）成本

成本是公司為產品訂價所設的下限，公司希望此價格能收回製造、配銷、出售此產品所需的成本，並包括努力與風險的正常報酬率，成本是公司訂價策略上的重要因素。很多公司努力成為其行業的低成本製造者，因此可制定較低的價格以獲取更多的銷售和利潤。

1. **固定成本**：公司的成本有兩種型態，固定和變動。固定成本是指不隨產量和銷售收入而變動的成本，也就是說不論該公司的產品多寡，每個月必須要付的費用，例如：房租、水電費、利息、管理人員的薪水。固定成本與生產水準無關。

2. **變動成本(variable costs)**：隨生產水準不同而變動，例如德州儀器公司生產一架掌上型計算機，包含有塑膠、線路、包裝及其他投入的成本，這些成本大致上每單位都相等。它們稱為變動是因為總額是隨著生產量的大小而變動。

3. **總成本(total costs)**：即在任何生產水準下，固定成本與變動成本的總和，公司的訂價都希望至少能收回某生產水準下的總成本。公司必須看緊成本，假如公司與競爭者出售同類產品，而其製造與出售的成本較高，則公司只好訂定比競爭者更高的價格或者少賺一些，如此一來產品便居於競爭劣勢。

4. **不同生產規模的成本型態**：訂價要正確，必須了解成本如何隨著生產規模而變動。

5. **累積生產產量的成本型態**：假設有一家日產3,000組鍵盤工廠，隨著經驗累積，該公司將知道如何進一步改善，例如工人領悟到簡潔的工作方法、材料流程改進、採購成本降低等，結果平均成本因生產經驗的累積而逐步降低。這種因為累積生產經驗使單對成本降低的成本曲線稱為經驗曲線(experience curve)或學習曲線(learning curve)，如果負斜率的經驗曲線真的存在，對公司相當重要，這表示不僅單位成本可以降低，且產銷越多，降得越快，當然這必須要有足夠的市場空間。

（四）組織的因素

在一個企業裡，我們一定要了解產品的訂價是由何人來決定。一般來說，企業的高層對於公司的訂價和目標，都有最後的決定權。另外，企業內部的行銷經理、生產經理、財務經理等，對於制定的價格也有一定的影響力。

二、影響訂價策略的外在因素

（一）市場和需求

成本是訂價的下限，而市場及需求則為上限。消費品和工業品的購買者，都會在產品或服務的價格與其所能提供的利益之間尋求一種均衡，因此在訂價時，行銷人員必須了解產品的價格和需求之間的關係。在此我們將探討不同型態的市場，其價格需求的關係有何不同，以及購買者對價格的體認和如何影響訂價決策，然後再討論價格需求關係的衡量方法。

1. 不同型態市場的訂價

賣方的訂價深受市場型態的影響，經濟學家將市場型態分為三種，每一種市場對於訂價都有不同的意義。

(1) 完全競爭(pure competition)：此市場由許多買方和賣方組成，產品是屬同質，如小麥、金融證券等。個別的買方或賣方對市場價格沒有影響力。賣方的售價不能比市場現行價格高，因為買方可以市價買到他們所需的數量。同時賣方也不需以低於出價的價格出售，因為他們能夠市價將所有的產品完全賣完。假如價格和利潤提高，新的銷售很容易可以加入此市場，在完全競爭市場裡，行銷研究、產品發展、訂價、廣告和銷售推廣幾乎沒用。

(2) 壟斷性競爭(monopolistic competition)：此市場有許多的買方和賣方，在一定的價格範圍內交易，而非按照單一的市價。這是因為賣方有能力使其產品有別於其他競爭產品，其中包括品質、特色、式樣或附帶服務的不同，買方感覺有所不同，故願付不同的價格。同時除了價格之外，賣方上可運用品牌、廣告、人員推銷，針對不同的區隔市場提供不同的組合。由於此市場內有許多競爭者，其行銷策略的影響不如寡占市場來的大。

(3) 完全獨占(pure monopoly)：市場只有一個賣方，此賣方可能是國營獨占，政府管制的民營獨占，或非政府管制的民營管制，在不同的情況下其訂價原則也不同。國營獨占有多重的訂價目標，它可能基於買方無力負擔所有的成本而該項產品對買方又十分重要，而將產品的價格訂在成本之下。

2. 消費者對價格與價值的感受

消費者判斷產品的價格是否合理，因此在訂價時公司必須考慮消費者對價格的感受，以及這種感受如何影響消費者的購買決策。有效的購買者導向的訂價方式是指，了解消費者對於此產品所產生的利益賦予什麼價值，並訂定一個與此價值一致的價格。行銷人員必須試著去分析消費者購買產品的動機，依照消費者對產品價值的感受來訂價。

3. 分析價格—需要的關係

公司所訂的不同價格會有不同的需求水準。

（二）競爭狀況

另一個影響公司訂價決策的外部因素是競爭者的訂價，以及它們對本公司訂價決策的可能反應。公司必須了解每一個競爭者的訂價及所提供的品質，有以下幾種方法：公司可派出比較選購者來比較競爭者的產品與訂價；公司可取得競爭者的價目表，並購買其產品予以分解；公司可詢問顧客對每一個競爭者產品所感受的價格和產品品質。

（三）其他環境因素

　　訂價時公司必須同時考慮外在環境的許多因素，及對此環境中的其他團體有何影響，經銷商對不同價格有何反應？公司所訂的價格應能使經銷商有正常的利潤，鼓勵他們支持公司，並能協助他們有效出售產品。而政府是另一個影響訂價決策的重要外在因素，行銷人員必須了解影響訂價的相關法律，並確定訂價政策是否合法。

三、影響服務訂價之特殊因素

（一）顧客對服務價格知識的了解

　　顧客在消費服務前通常會有「參考價格」存在心裡。

1. **服務差異性**：每一家業者提供的服務都有所差異，如：電影院。

2. **服務提供者不願估算價格**：缺乏參考價格的原因之一，係提供者不願事先估算價格，因此服務的消費更須貨比三家。

3. **個別顧客需要不同**：若所需為非標準化之服務時，參考價格即越不具參考作用。很多服務提供者可利用顧客個別需要的不同，量身訂作適合的產品，如：美容、保險…等。

4. **服務價格資訊不易取得**：某些服務經常消費、提供者又多，相關資訊較易取得。如：自助餐、簡餐店。又某些服務不常消費，提供者散居各地，必須另花費成本了解或蒐集相關訊息，如：婚紗攝影。

（二）非貨幣性成本之影響

　　消費者在購買和使用某項服務所產生之犧牲或不適。

1. **時間成本(time costs)**：顧客參與服務生產之成本，如：看診。或顧客享用服務前之等待成本，如：看診前的等待。

2. **蒐集成本(search costs)**：因為服務之無形性與異質性，而須在服務消費前進行更多相關資料的蒐尋，包括：時間、精神的耗費以尋找服務提供者。

3. **精神成本(psychological costs)**：為最重要的「非貨幣性成本」，主要來自接受服務時「心理上的成本」，包括：不了解、被拒絕以及不確定的三種心理層面。當某些消費具有高度信賴性時，精神成本所扮演的角色更為吃重，如：律師諮詢。

PART **3**

4. **便利成本(convenience costs)**：享受服務時可能付出的犧牲。包括在服務場合會有視覺、聽覺、嗅覺、味覺的不舒服，即知覺負擔(sensory burdens)。

以表8-1留學中心之選擇為例，若按「費用」、「距離」、「預約期」以及「現場等候時間」四個項目做為選擇留學中心之指標，則：

選A者，較重視貨幣成本。

選B者，較重視時間和便利成本，即付出較高之貨幣成本。

選C者，更為重視時間和便利成本，即付出最高之貨幣成本。

選D者，除了重視時間和便利成本外，更為重視精神成本，即自己挑選學校。

→ 表8-1　非貨幣性成本範例：留學中心之選擇

留學中心	費用（元／小時）	距離（公里）	預約期	現場等候時間
A	500	20	1個月前	2HRs
B	700	20	5天前	30Min
C	1000	3	5天前	不需等候
D	1000	3	5天前	不需等候，並有電腦快速選校

（三）價格被視為服務之指標

1. 有形產品之訊號理論(signal theory)。企業會針對產品「無法直接觀察到」的品質部分，提供設計過的「特定訊息」予消費者，以影響其對品質的認知，進而產生購買意願和行為。

2. 價格係為重要的外部線索訊號之一。某些學者認為當其他外部線索取得容易時，價格對服務品質與風險感受之影響力會降低。

3. 服務訂價與服務品質的相互關係，係服務業管理的重要課題。訂價太低，可能被認為品質低；訂價太高，又可能降低購買意願。

8-3 服務訂價的方法

一、服務訂價目標

（一）利潤導向

1. **目標回收(target return)**：設定欲回收之利潤水準，作為回收之目標。如：蚵仔麵線攤販以每天賣完兩大鍋為目標。

2. **利潤極大化(profit maximization)**：單純以快速追求利潤達到最高水準為目標。而利潤極大並非一定要訂出高價，在實務上往往以「比消費者預期更低之價格」，讓消費者盡速使用。

（二）銷售導向

1. **銷售成長(sales growth)**：以追求銷售額持續成長為目標。因為當單位變動成本小於銷售成長率時，銷售額的增加代表獲利上升，如：吃到飽餐廳。

2. **市場占有率(market share)**：以追求整個服務市場之銷售比率提高為目標。當固定成本較高時，追求市占率則上升，進入門檻也上升。

（三）現狀導向

當市場沒有大幅成長或萎縮，維持穩定狀況，因企業之獲利率亦維持一定水準時，適用之。

1. **迎合競爭(meeting competition)**：維持市場價格水準，保持一定的競爭力即可。

2. **非價格競爭(non-price competition)**：係以贈品、服務等做為差異化競爭之目的。如：加油站送面紙，便利商店之贈磁鐵活動。

二、服務訂價方法

一般常用的服務訂價方法有三種：成本導向訂價法、需求導向訂價法、競爭導向訂價法。

（一）成本導向訂價法

成本導向訂價法是以服務成本為制定基本價格幅度的根據，在以成本為導向的訂價中，公司先測定原料和人工費用，加上某個數量或百分比的一般費用及利潤，再來決定價格。這方法被廣泛使用在公用事業、承包業、批發業，以及廣告產業等。以成本為導向的訂價法基本公式如下：

價格＝直接成本＋一般費用＋利潤

直接成本包括與服務有關的原料和人工，一般費用是固定成本的分攤，而利潤是總成本（直接成本＋一般費用）的某一百分比。它又分為兩種如下：

1. 成本加成訂價法

這是根據服務平均總成本加上預期利潤水準來制訂服務價格，以成本為中心的服務訂價，也就是按成本加若干百分比訂價。

例如：一家管理顧問公司利用加成訂價法計算其服務收費標準，它必須算出為一定數量顧客提供服務所耗費的成本費用，同時還能確實算出一個毛利率及加成倍數，使得企業制定出的收費標準，不僅能補償其成本耗費，還能獲得一定的盈利，達到預期利潤水準。

2. 目標利潤訂價法

這種方法是企業根據自己期望所獲得的目標利潤多少來確定服務價格，目標訂價方法可用收支平衡觀念來思考。

收支平衡或稱損益平衡，是進行服務管理計畫和控制的一項有效措施，其內容包括營業收入和費用預測、成本控制以及訂價，可用來說明成本、數量、利潤三者之間的關係，它反應在不同的銷售水平下企業所期盼的總成本與總收入。

（二）競爭導向訂價法

競爭導向訂價法就是以競爭者的價格做為訂價目標，它不是以企業服務成本或市場之需求變化。根據企業訂價目標，企業可以按照同行業的平均價格或其主要競爭對手的平均價格，來決定自己的收費標準，或高或低，或與競爭對手保持同樣的收費標準。

　　這種訂價法注重於在同一產業或市場中其他公司所索取的價格。以競爭者為基礎的訂價並非意味總是以其他公司所收取的相同費率來收費，而是以其他公司的價格作為自己公司的價格為基準點。這種訂價方法主要用於兩種情況：1.當服務在各提供者之間有標準化時，像是在乾洗產業，以及2.在只有少數幾個大型服務業提供者的寡占市場，像是航空或租車產業。服務的提供所涉及的困難程度，有時使得以競爭者為基礎的訂價法在服務業比在產品的產業還複雜。

　　例如：諮詢、修理、理髮、旅館等。把同一行業平均訂價水準作為企業訂價依據，不僅可以使企業獲得合理收益，而且還有利於企業與其他企業協調處理彼此的競爭，減少競爭風險。

　　當服務訂價是以競爭為導向，必須具備兩個前提條件：1.企業必須掌握競爭者準確的訂價狀況；2.顧客了解競爭者之間的價格差異，並且對這些差異的所有可能反應。

（三）需求導向訂價法

　　在以需求導向的訂價中，服務訂價不同於產品訂價的主要方法之一，是非貨幣性的成本和利益必須被納入對顧客認知價值的計算。當服務是需要時間、不便利、精神、及搜尋等成本時，顧客可能願意支付較高的貨幣性價格。因此這種訂價方式的關鍵在於每一項涉及的非貨幣性價格成本對於顧客的價值為何。

　　另一項服務與產品在這種訂價方式上的差異是，顧客較不容易獲得服務價格成本的資訊，使得貨幣性價格在首次選擇服務不像在第一次購買產品時那樣，扮演一個重要或明顯的因素。

　　企業在訂定服務價格的最適當方式之一，是根據顧客對服務的認知價值來設定價格。服務行銷人員至少需要回答下列問題：

1. 價值對顧客的意義為何？

2. 企業要如何將認知價值量化為金額，以便為企業的服務設定適當價格？

3. 價值的意義對不同的消費者和不同的服務是相似的嗎？

4. 價值認知是如何被影響的？

5. 為了完全了解以需求為基礎的訂價方法，企業必須充分認識價值對顧客的意義。

　　美國北卡羅萊納大學行銷學教授Zeithaml指出：顧客是以四種方式來定義價值：

1. 價格就是低價格。

2. 價值是在一項產品或服務中所想要的任何事物。

3. 價值是支付某一價格所獲得的品質。

4. 價值是全部的付出所獲得的一切。

　　為了促使顧客願意為一項服務支付某一特定價格，即為他對整體服務價值的認知。為轉換顧客的價值認知成為某一個特定服務提供物的適當價格，行銷人員必須獲得幾個問題的答案。你的服務提供了什麼獨特利益？每一項利益對其他利益的重要性為何？顧客為取得某一特定服務利益值得付出多少代價？在何種價格下服務才能在經濟上被潛在的購買者所接受？在何種情況下顧客會購買此服務？

　　服務價格的確在相當程度上，與效用及價值兩個概念有密切的關係。效用是一種服務能滿足消費者的能力，它以消費者心裡滿足程度為一定界限。效用決定價值，也決定某種服務的競爭能力。人們根據主觀經驗、感覺以及滿足程度來衡量一種服務的效用大小，因此就產生了根據消費者對服務價值的理解，即價值觀念，而不是根據服務成本訂價的可能。許多服務企業，像是諮詢部門、醫療單位、美容院、娛樂場所等，大多都是基於顧客對價值的感知程度而確定的。其實，這是消費者價格心理對服務訂價影響作用的結果。消費者通常傾向於購買他們認為是值得的服務，即使這種服務實際耗費成本低，但訂價卻很高，他們也願意買。如果消費者認為某種服務訂價過高，他們很可能放棄購買。

　　根據不同消費者、不同服務地點和服務時間制訂不同的收費標準，這種方法在服務企業較為普遍使用。對不同服務地點提供的服務制定不同的價格，例如：位於不同地理位置的旅館、影劇院內不同位置的座位，因為它們給顧客或觀眾提供的服務效用不一，所以收費標準也就有所差異。

　　對不同時間所提供的服務訂定不同的價格，例如：旅遊淡季和旺季的收費差別、電信局白天和晚間長途電話費差異、旅館及主題樂園平日和例假日的房租變化，都是根據在不同季節、不同日期，甚至不同鐘點的消費需求來制訂服務價格。

　　因此，企業必須做的一件最重要的事，而且經常是一件困難的事，是去估計企業服務對顧客的價值。消費者由於具有各自不同的嗜好、關於服務的知識、購買力、以及支付能力，而可能對價值有不同的認知。在需求導向訂價法上，什麼是消費者認為有價值的，而非他所支付的，形成了訂價的基礎。因此這種訂價的有效性完全依賴對市場顧客所認知的服務價值判斷。

8-4 服務訂價的策略

為了達成廠商設定的目標，必須選擇特定的訂價策略或用各種策略的組合。茲將15種訂價策略分成五種，「差異訂價法」：以不同的價格賣給不同的消費者；「競爭訂價法」：價格的設定在取得市場的競爭優勢；「產品組合訂價法」：價格的設定是以能取得相關品牌之間產生相互的依存優勢；「心理訂價法」：訂定的價格是以消費者的認知或預期來作為基礎；以及「企業對企業訂價」策略。

訂價策略之妥當性，要依下列幾種狀況來決定：需求的變動性（也就是在不同的市場區隔出現）、競爭情形、該市場裡消費者的特徵、消費者的期望與認知。

在此有幾個嘗試性的假設，可作為所有訂價策略的基礎。第一，有些購買者會花時間與精力，去尋找有哪些廠商在銷售何種產品及何種價格的相關成本資訊。第二，有些對價格不敏感的購買者，其心中保留的價格不高，但卻願意支付最高的價錢。換句話說，對價格敏感的消費者，不會需要一件讓他會願意支付高價的產品。

一、差異訂價法

差異訂價法(differential pricing)是指相同的產品，以不同的價格賣給不同的消費者，屬於價格歧視的一種，亦即以相同數量與品質的產品或服務，對不同的購買者索取不同的價格。因為市場是異質性的，所以差異訂價法能夠存在。簡單來說，在市場裡，不同的消費者或不同的區隔，對於價格會有所不同的反應。

實施差異訂價的能力，也因線上拍賣網站的大幅成長而增加了，如：價格線網站(priceline.com)以及購物搜尋器(shopbots)等，就可在網路上尋找很低的價格。如果企業要銷售的產品或服務的價值折舊很快（手機），或轉眼間就沒有價格（電影票座位），那麼具有差異訂價能力的線上拍賣即為可行的銷售通路。此外將產品託拍賣網站的另一個優點是拍賣網站是賣給最終的消費者，因而會使銷售者有不需殺價求售的感覺。

（一）顧客區隔 (customer-segment) 訂價

最普遍的差異訂價法，對不同的市場區隔索取不同的價格。當廠商生產能力過剩，以及會有不同的市場區隔存在時，就可採取顧客區隔法。在國外市場或無品牌產品也有提供區隔市場的機會，例如：廠商若能在國外市場以成本出售其產品，即使其售價較國內低，其出口還是有利潤的。但出口廠商則必須有過剩的產能（即無新增的

固定成本），且也必須能夠與國內市場分開，而使交易成本能阻止市場之間的產品轉售。

　　顧客區隔法也會發生在公司將其部分已無品牌方式，在價格敏感的市場區隔裡以較低的價格出售。例如：在娛樂場所中對學生與老人出售優惠票。

　　若要進行差別訂價，必須遵守一些嚴格條件。

1. 市場必須能夠區隔，且在不同的區隔裡對價格的變動要有不同的反應。
2. 支付低價的市場成員，必須無法轉售其產品給支付高價的購買者。
3. 競爭者無法在索取高價的區隔裡進行殺價。
4. 對區隔化及管理市場所造成的成本，不得超越因索價較高所衍生的額外的收益。
5. 上述做法不應該造成消費者的不滿。
6. 價格差異的方式必須是合法的。

（二）時間 (time) 訂價

　　在某些情況下，定期或偶爾提供折扣對廠商是有好處的。定期折扣(periodic discounting)能讓廠商在不同價格敏感的消費者區隔裡獲益，方法包括吸脂價格，即新產品剛上市就以高價榨取市場消費者。當銷售逐漸成長時，吸脂價格可讓廠商收回產品開發的成本，而願意支付高價的人會首先購買；但當銷售趨緩時，廠商會降低售價，用以再吸引次高層對價格敏感的購買者。以工業產品創新著名的杜邦公司，即常常使用吸脂價格策略。

二、競爭訂價法

（一）滲透性訂價法 (penetration pricing)

　　將產品的第一次上市價格壓低，而使銷售量增加，以達到規模經濟的效益（大量生產而有較低的單位成本）。當業者想要其銷售成長或市場占有率最大時，可以使用本方法；即當市場上出現許多對價格敏感的消費者（需求有價格彈性），或廠商擔心價格訂高而出現高利潤，就會引起競爭者提早進入時，則滲透性訂價法將特別有用。限價(limit pricing)是另一種低價滲透性訂價方式，設定低價以阻擋新競爭者的加入，而在無競爭的情況下，廠商就可能採取前述的吸脂價格。

（二）價格信號法 (price signaling)

將低品質產品訂在高價。這種方法顯然對購買者不利，並反映出不合倫理的行為。但若廠商能夠滿足下列幾種條件，則可能會得逞。首先必須有購買者區隔的存在，而購買者也相信價格與品質的關係具一致性，所以他們相信廠商會多花時間提升品質，或者他們相信市場，並揣測價格與品質之間存在著正相關。其次，購買者不易獲得品質層面的資訊，不過消費者報導雜誌會定期刊出價格高而品質受懷疑的暢銷品牌。

（三）現行水準訂價法 (going-rate pricing)

反映廠商將價格訂在產業平均數或附近的傾向，本方法經常應用在產品是以價格之外的屬性或以效益為競爭基礎時。現行水準訂價法還有一個優點，即是可減少對所有競爭者不利的價格戰威脅。

競爭訂價策略也可決定許多零售業的市場定位。超值零售商(value retailer) 如：Family Dollar商店及Dollar General商店，已成為最新的高成長概念商店。這些低間接成本、低價格的一般零售商，提供低價產品給家庭所得在25,000美元或以下的區隔，而與沃爾瑪、凱瑪及標的等三大零售商對抗。Family Dollar商店及Dollar General商店鎖定低所得和固定所得的家庭，因這些家庭經常處於被忽略的地理區隔市場。

三、產品組合訂價法

廠商經常對同一產品線，提供內含不同規格的類似產品，例如無線電音響城(Radio Shack)公司的音響擴聲器，其價格從59.99美元到149.99美元之間。低檔及高檔價位可能會影響到購買者對品質的認知，因此在產品線內亦須設定標準，以利產品項目的比較。

低檔價位常會帶動有疑慮或有價格意識的購買者的採購行為，因此常被當作是帶動人潮的角色。而高檔價位對整個產品線的品質形象則有重大影響。業者對產品線的價格變動須具備敏感性，某一產品的價格變動，可能損害產品線其他產品的銷售，因為彼此之間常可能有替代關係。

（一）捆裝訂價法

已有不少的公司體認到，將不同產品捆裝在一起的價值。捆裝訂價法(bundling)是指將兩件或以上的產品或服務，包裝成單一包裹來出售。在實務上，常見於滑雪器

材、旅館服務、餐廳飲食、音響及電腦系統等的銷售。醫院購買醫療器材時也會採用捆裝的方式，通常捆裝價格會比各產品分開購買來的便宜。不過，捆裝季票對於演唱會或比賽，的確會造成消費量的減低。因為購買捆裝季票的消費者，比較不會將沉沒成本與當初購買的好處聯想一起，所以他們就以捆裝訂價購入的未來演唱會或比賽門票，幾乎當成了免費商品。購買壓力一減輕，消費者就不急於使用已預付的門票了。

捆裝這個名詞用在不同的場合會造成一些混淆。最近有兩位行銷學學者Stefan Stremersch及Gerard Tellis，將該名詞以簡單而合乎法律相關的意義，歸類為下列幾項：

1. **捆裝訂價(bundling)**：指將兩件或以上可分開的產品（或服務）包裝或一件銷售，例如歌劇院一整本的入場券。

2. **價格捆裝(price bundling)**：將兩件或以上可分開的產品以整合方式包裝，再以折扣方式出售，例如搭配不同重量盒裝的早餐穀片。

3. **產品捆裝(product bundling)**：將兩件或以上可分開的產品整合，再以任何價格出售，例如一組音響設備。

4. **純粹捆裝(pure bundling)**：屬於同一種策略，廠商僅出售捆裝一起的產品，而不願將其分售，例如IBM公司將印表機與讀卡機一起包裝出售。

5. **混合捆裝(mixed bundling)**：屬於一種策略，廠商可出售捆裝一起的產品，也可將其分售，例如Telecom公司電話費率的組合。

捆裝常以低於非捆裝產品的價格出售，可以減少消費者尋找產品的成本，以及轉售商的個別交易成本。如新電腦與軟體常在一起搭配販賣，以省去消費者為選購該軟體的時間。捆裝尚有其他優點，例如價格捆裝會因增加採購次數而獲利。最近的研究只發現到消費者購買每件捆裝的配置成本較低。

（二）溢價訂價法

當廠商供應幾種不同型號的產品時，常會使用溢價訂價策略。溢價訂價法(premium pricing)是對豪華型產品設定較高的價格，例如：設計不同的型號，以吸引不同價格敏感區隔或不同特色組合的區隔。廠商通常會從產品線裡最昂貴的型號獲取較多的利潤，而對低價的型號則較無利潤可圖。溢價訂價法也常應用在啤酒、服飾、器材用具等產品。

（三）分割式訂價法

　　許多廠商將產品分開訂價，以取代單一價格。通常分成基本價(base price)及附屬費(surcharge)，此稱為分割式訂價法(partitioned pricing)。例如：郵寄型錄或網際網路上的售價，分有大減價及運送費。而在郵寄型錄上的SONY電話機價格為69.95美元，加上運送費12.95美元，是一件特別組合設計式的分割式訂價。最近的研究也顯示，市場上很流行這種做法，因為消費者通常很少能準確區分出基本價及附屬費，而常忽略了總成本，因此需求會增加。

四、心理訂價法

　　心理訂價法(psychological pricing)認為購買者的認知和信念，會影響其對價格的評估。聲望或溢價訂價法，以及訂定比競爭者更低的價格等，皆是考量消費者對價格的心理反應；而奇偶數訂價法和習慣訂價法，也是心理訂價法的應用。

（一）奇偶數訂價法

　　奇偶數訂價法(odd-even pricing)是把價格剛好訂在偶數之下，這是一種常見的做法。例如，隱形眼鏡的價格不訂在200美元，而訂在199.9美元。業者是想要讓消費者認為低價相當重要時，恰好在下訂價法將更能吸引其注意。其次，證據顯示當消費者認為低價具有記憶的效果，換句話說，價格的左邊數字代表金額較多的部分，因此最為重要。例如195.95美元會比249.95美元可能較具有持續較長的低價記憶。

（二）習慣訂價法

　　過去的消費者會將習慣價格(customary price)與某項產品聯想在一起，但在今天因價格促銷及價格上漲頻繁，這種作法已不再流行。習慣訂價的信念也代表著消費者有強烈的期望，習慣訂價策略是在不調整價格的情況下，而修正其產品的品質、特色或服務。

　　為增加利潤，近年來對咖啡、糖果條、毛巾、甜點等業者來說，小號包裝(package shrink)也變是一項頗為流行的策略。例如，菲多利公司就把一般眾13.25盎司的包裝縮小到12.25盎司，亦變相的提高價格。寶僑公司的象牙牌(lvory)與Joy牌瓶裝洗手乳，售價不變，瓶子卻縮小了。然而設計較高的容器，使其看來很大，卻可提高12%的售價。

（三）單向價格索求

產品某一屬性具有優勢時，單向價格索求(one-sided price claim)就值得考慮採用了。但是當該廠商的其他產品價格事實上已經偏高時，又將是如何呢？有關物品託運服務價格的一項研究顯示，消費者有時太過重視單向價格索求的宣傳，而忽略了服務因素。尤其是最近的許多研究機構的結論產生誤導，認為某家著名物品託運公司的運費最低，根據論點是該公司促銷的早晨託運價格保證最低；但事實上，其餘次日下午五點鐘以前送達的物品價格則是最高的。

五、企業對企業訂價策略

觀察有關企業對企業(B2B)的訂價策略，許多銷售產品給其他廠商的訂價作法雖有不同，但大略分為四類，如表8-2所示。

→ 表8-2　訂價策略分類

策略	說明
新產品訂價法	
1.吸脂價格 2.滲透性訂價法 3.經驗曲線訂價法	1.在剛開始時將價格訂在高價位，然後隨時間再逐步降低。顧客期待價格會逐漸下降。 2.在剛開始將價格訂在低價位，以加速產品的採用。 3.將價格訂在低價位，以爭取銷量，在累積經驗而降低成本。
競爭訂價法	
1.領導者訂價法 2.平價訂價法 3.低價供應者	1.一開始就調整價格，希望其他廠商也追隨。 2.追隨市場價格或價格領導者。 3.經常努力作為市場低價者。
產品線訂價法	
1.補充性產品訂價法 2.捆裝訂價法 3.顧客價值訂價法	1.將核心產品訂在低價，而其他補充項目如配件、補充、預備品、維修服務等的價格則訂在高價。 2.將數件產品捆綁在一起，而以比散裝產品累積起來還少的總價訂價，以節省顧客開支。 3.提供一種簡易的產品，而其訂價具有競爭性。
成本基礎訂價法	
成本加成訂價法	1.依生產的成本在加上某一百分比，作為其利潤後當成訂價。

　　從270家工業廠商的資料顯示，成本加成是應用最廣的訂價策略。然而大多數廠商均會依情況而採用多種策略。例如吸脂價格最常用在市場充斥一堆差異化產品時；以及廠商受限於經濟規模，而無法有成本優勢的時候。成本基礎訂價法則常應用在難以估計需求的情況下。顧客價值訂價法包括對目前某件產品提供簡易型號，以吸引對價格敏感的區隔，或利用新配銷通路達成銷售目標。成本加成法應考慮擴增所提供的價值。企業對企業的訂價法也應考慮所提供的價值，而非為了利潤在成本上隨意添加一個數字而已。總之，要把重心放在整個市場上面，以及思考如何將附加價值差異化，並將其傳遞給不同市場區隔裡的顧客。

8-5　價格調整管理

　　公司不應只設定單一價格，而是一個價格結構，以反映出地理上需求與成本、市場區隔的要求、購買時點、訂貨水準及其他因素間的不同。因為提供折扣、折讓及促銷支援，公司在不同的銷售量下就有不同的利潤。以下是幾個常用的價格調整策略：

一、地理訂價（現金、相對貿易、以物易物）

　　地理訂價是根據顧客所在的不同地點與國家來訂價。公司應對遠方的顧客訂定含運費的較高價，承擔喪失業績的風險？或是公司應取悅某個特定國外買者，以物易物替代直接貨幣交易？在亞洲金融危機時，在香港、日本、墨爾本、新加坡與臺北的君悅飯店的房價就以當地貨幣報價；但是在巴里、曼谷、雅加達與漢城則以美金報價，以因應當地貨幣的遽貶。像君悅飯店這樣的公司想免於匯率劇烈變動與外匯減少，可能會造成美金幣別的利潤減少。

　　此外，如何取得貨款也是一個問題。當買方缺乏足夠的強勢貨幣來支付貨款時，或賣方需要匯回被封鎖的資金時，此問題尤顯重要。例如，有些大宗物資與資源豐富的亞洲國家會提供相關產品來支付貨款，此稱相對貿易，在世界192國中有130國家使用，占世界貿易的20%到30％（約2千億到5千）且有各種形式：

1. **以物易物：**直接交換物品，並無金錢或第三者介入。馬來西亞的TV3電臺曾和廣告主進行以物易物交易，廣告主得到廣告時段，電臺得到房子、公寓與手機等物品。

2. **補償交易**：賣方得到一部分的現金，一部分的產品。例如，馬來西亞向莫斯科購買五億元的戰鬥機，其中一部分以棕櫚油支付。

3. **買回協定**：賣方賣工廠、設備或科技給另一個國家，並同意接受以所供應的設備製造出的產品。例如韓國電子公司為泰國廠商蓋了一座工廠，一部分收現金，剩下的以該工廠的電子產品支付。

4. **補償買回**：賣方收到全部的貨款，但同意在約定時間內以一部分貨款購買該國產品。此類的相對貿易常涉及技術移轉、共同生產投資、授權與外包。南韓國防部向McDonnel Douglas簽約，由三星航太公司組裝來自MD的零組件，飛機並在三星的授權下製造。

二、價格折扣與折讓

　　大部分的公司會因顧客的提前付款、購買數量或淡季購買，而有調整原先的價目表、給折扣或津貼。而此舉可能會使公司利潤減少，因此衡量這些優惠對公司業務與成本的影響是有必要的。因此前提是不改變現行的價格下，允許顧客以低於標價的金額付款，以吸引潛在的購買者。

1. **數量(quantity)折扣**：非累積數量指鼓勵一次大量購買；累積數量折扣，指增進顧客忠誠度。亦即以購買數量或金額的不同，給予不同金額的折扣。

2. **功能(functional)或交易(trade)折扣**：因通路成員提供行銷支援服務，而給予的價格折扣。

3. **現金(cash)折扣**：為了鼓勵消費者提早付款而給予的折扣，如：30天內付款享10%折扣。

4. **季節性(seasonal)折扣**：給予在淡季時購買產品的消費者之價格折扣。

5. **折讓**：是一種減價方式，包含抵換(trade-in)折讓、促銷(promotion)折讓。

三、促銷訂價

　　公司可以利用數種訂價技術來刺激早期購買：

1. **犧牲打訂價**：以一、二項產品做低價促銷，以招來人潮。超市或百貨公司常會將知名的品牌降價，來創造店內的人潮。但製造商常不希望自己的品牌被用來當「犧牲打」，因為此會損及品牌形象，同時會引起其他零售商的抗議。

2. **特殊事件訂價**：銷售者在特定的節日訂特定價格，以吸引更多的顧客。如臺灣的百貨公司每年的「520」（慶祝總統就職）、「1025」（慶祝臺灣光復）及周年慶的打折活動。

3. **現金回扣**：汽車廠商與其他消費品公司提供現金回扣，以鼓勵在特定期間內購買產品的顧客。此回扣是製造商想出清存貨但不想減價。

4. **打折**：是最常使用的工具，但過於頻繁，則可能使價格彈性疲乏，且易損及品牌形象。

5. **分期付期**：像銀行或金融公司這種銷售者以讓客戶延長房地產與汽車貸款的期間，以降低每個月的付款金額，消費者在意的是可否支付每個月的貸款而不是貸款利率。

6. **低利貸款**：公司提供低利貸款來取代降價。汽車廠商或房地產常以免頭期款或低利貸款來吸引顧客。因為這類高單價的產品，顧客常須舉債購買。儘管低利貨款可將顧客吸引至展示間，但若頭期款太高、短期內要還清貸款、有貸款無折扣，及貸款只適用昂貴或特定車種、或某種坪數樓層、方位的房屋等也會令顧客舉棋不定。

7. **保證與服務契約**：廠商可增加免費保證或服務契約來促進銷售。將保證或服務契約免費提供或降價供應，形成另一種降價可鼓勵顧客購買。

　　促銷訂價策略常是零和競賽，若奏效競爭者就會模仿，效果就消失；若無效，形同浪費了可用於其他行銷工具（例如：建立產品品質與服務，或透過廣告強化產品形象）的錢。

PART
3

串流龍頭3年連3漲 Netflix如何掌握平臺話語權與定價優勢

深受追劇人喜愛的影音串流平臺Netflix，近年來頻繁改變內部運作演算法，如2021年11月，將過往熱門影集排行的衡量指標「每部作品觀看人數」，改為「每部作品觀看總時數」，一度造成上榜作品排名大洗牌。今年Netflix也不敵通膨壓力，宣布提高美加市場的訂閱價格，至今已經連漲三年。為了穩坐龍頭寶座，Netflix加大推出多元內容的力道，同時也採取不同的市場差異化定價策略，以地區使用者平均所得作為評估收費的標準，盡可能將消費者體驗最佳化。

隨著通膨風暴席捲全球，無論是民生必需品、燃料，甚至是串流媒體服務，均逃不過漲價的命運。全球影音串流龍頭Netflix在今年1月宣布調漲訂閱價格，最低規格方案從每月8.99美元升至9.99美元，進階方案更是直接調漲2美元來到19.99美元，相當為新臺幣558元。根據The Verge的分析顯示，Netflix近年遭遇的「用戶成長速減緩」、「內容成本飆漲」，成為連三年更新訂閱費用的主要原因。

截至目前為止，Netflix的付費用戶數約為2億1,000萬名，雖具備強大市場，但在注入新客戶增長的幅度上卻效果不彰。為了留住既有用戶並吸引新訂閱者加入，Netflix以內容導向的更新為主要核心，朝向製作更多元的內容，並製作戲劇與節目等多樣化類型的影音內容。為了舒緩財報上的壓力，最直接增加現金流的方式，即為調整訂閱費用，像訂閱戶收取更高的費用。

雖然可以看到部分用戶反彈價格調漲，但Netflix仍掌握定價權的優勢，同時Netflix也試圖在不同市場採取差異化的訂價策略，以該地區「使用者平均收入」作為評估收費的標準。以美加為例，因為兩地評比較高，所以調高價格；反之，在亞洲與拉丁美洲等評比較低且用戶滲透率低的市場，則是提供優惠方案。希望增加全球不同地區、因地制宜的消費者體驗。

資料來源：黃婷容，電子商務時報，2022.03.09。

問題與討論

1. Netflix至今已經連漲三年，這樣的決策下，是否有著潛在的風險？

2. 如果你是Netflix的競爭對手，那你又會用什麼差異化的訂價策略去做抗衡呢？

服務通路

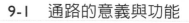

9-1　通路的意義與功能

9-2　通路設計的考量因素

9-3　通路型態的選擇

9-4　通路成長策略組合

SERVICE
MANAGEMENT

服務通路和消費者的生活可以說是息息相關，看電影需要去電影院、唱歌到KTV、提款需要ATM提款機、吃飯需要到餐廳用餐，而這些電影院、KTV、ATM提款機、餐廳正是業者提供服務的通路。對於服務業者來說，「通路」這名詞可以是情報的中心，也可以是業者大展身手的舞臺。

成為情報中心是因為業者透過通路接觸到消費者甚至是競爭對手，因此服務業者可以藉此蒐集到相關的商業資訊以及對手的競爭策略，還有消費者的購買決策與需求，並從中了解本身的缺點而提出改進的方案。服務通路也是業者的舞臺，一項服務的好與壞必須透過通路徹底表現出來，不論是業者的核心服務或是附加服務都可以在通路中展現出來，而與消費者產生交易的行為並且帶來營收與利潤。

服務業者在規劃創新服務後，該如何透過何種通路傳遞給消費者，必須讓消費者親身前往服務場所，還是服務人員前往消費者的所在地？需要多設立服務的據點或是利用電子通路等方式提供服務，該如何去判斷需使用何種服務通路推廣本身的服務，就是通路決策所需要解決的問題也將是本章節的重點。

9-1 通路的意義與功能

一、行銷通路

通路(channel)一詞源自於拉丁文的canalis，原指運河的意思。在古代貨物需要南北運送除了一般陸路的運輸方式外，也可以藉由運河的方式進行貨品的交流，因此套用至服務上，通路就是一種將服務這項貨品輸送至消費者手上的一種方式，也就是我們所稱的行銷通路。行銷通路(marketing channel)又可稱之為配銷通路(distribution channel)，而行銷通路的主要意義可以由下面三點來做具體的解釋：

（一）行銷的中間機構 (marketing intermediary)

行銷通路可以說是一種生產者與消費者之間的廠商集合，也就是一種服務業者將所生產的產品或者是服務，移交至消費者手上的一種企業運作過程。

（二）取得產品或服務之所有權或協助所有權移轉的機構與個人

例如：零售商品販賣所需要的便利商店或是量販賣場；提供資金流通轉移的銀行系統；企業間貨物輸送的貨運公司等。

（三）通路組成的三大元素

1. 商品或服務的「生產者」。

2. 購買商品或服務的「消費者」。

3. 提供消費者與生產者之間接觸橋梁的行銷中間機構。

二、通路功能

　　在上述的定義中取得產品或服務之所有權或協助所有權移轉的機構與個人統稱為通路成員(channel members)，又可稱為中間商(intermediaries)。服務具有無形性以及無法儲存的特性，所以服務的通路並不會有存貨機制，或者是所有權轉換的功能存在，因此與實體產品業者相較之下，服務業者通常會採用的行銷通路是能夠直接面對顧客的中間商體系，而這些中間商也能由下列的八大功能來產生產品的附加價值，通路功能概念如圖9-1所示。

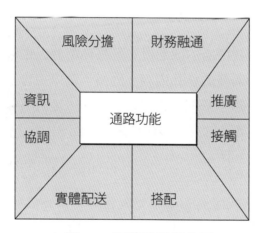

♥圖9-1、通路功能概念圖

（一）資訊 (information)

　　可為上游服務提供者蒐集並提供行銷環境的資訊，並且以這些資訊作為未來企業的行銷策略與規劃之參考。業務人員因為最為了解市場的狀況，因此他們通常就是可以提供市場最完整資訊的人員，例如：汽車銷售人員他們能夠在第一時間回報總公司目前在高油價時代，消費者對於汽車的需求為何？是否以強調節能省油為優先，而非以往的豪華外觀與優越的性能。

（二）推廣 (promotion)

推廣業者的商品或服務是中間商最重要的功能之一，也是能否成功將商品銷售給消費者的重要方式。例如：目前最新的汽車產品首推電動車，而這項新一代顛覆傳統消費者觀念只利用電能即可上路，而非消耗汽油的新款汽車，車廠應該如何讓消費者得知此款汽車的資訊以及優點，就需要依靠中間商也就是汽車銷售人員的努力推廣，透過與消費者直接面對面接觸的方式，將新產品好處與優點讓顧客們有完整與徹底的了解。

（三）接觸 (contact)

所謂的接觸係指利用某些方式尋找潛在的消費者，並且與之溝通詢問其購買意願，或得知其他關於產品的建議。例如：汽車業務員可藉由客戶資料，寄出新款車輛的DM信件，或以電訪的方式邀請以前的客戶前來試乘新款車輛，以此引起消費者消費的慾望，或是經由消費者推廣，獲得其他也有購車意願的潛在客戶群。

（四）搭配 (matching)

搭配就是替顧客規劃其所需的商品或者是服務組合，也就是量身訂做，完全以顧客的需求來製作出他們所需要的產品內容。例如：汽車銷售人員除了販賣客戶所需要的車款外，也可以依客戶需求搭配是否需要加裝GPS導航系統，或是汽車音響升級，甚至輪胎的規格等都可依客戶的意願做最合適的搭配。

（五）協調 (negotiation)

此指當消費者對價格或服務有所意見表達時，做為溝通的平臺，並努力溝通協調，以期完成最終交易的目標，如圖9-2所示。例如：汽車銷售人員將顧客對於車款的價格是否過於昂貴做出合理的解釋，或是向總公司反應是否有降價的空間，並在售後顧客出現問題時作為向上反映或是直接處理的中間平臺。

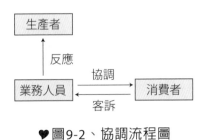

♥ 圖9-2、協調流程圖

（六）實體配送 (physical distribution)

在某些服務業上仍然有著實體商品配送上的問題，需將產品本身運送至顧客指定的定點。例如：進口車商在顧客下單後，就必須要消費者所訂購的車輛款式從國外經營海運或者是空運等方式，將貨品運送至消費者所指定的地點。

（七）財務融通 (financing)

此指中間商獲得以及使用資金，使通路可以正常運作。例如：在銷售汽車的據點設置上，中間商可以從總公司或是母企業本身獲得資金協助據點的設立等。

（八）風險分擔 (risk taking)

所謂的風險分擔是指經營通路的風險可以由中間商的協助來相互分擔，而不需要製造商獨立承受整個通路運作的成本，造成風險過高的狀態。例如：在汽車銷售上總經銷商可以與汽車大廠合作共同分擔設立據點所需的費用，藉此分擔成本以及分散風險。

9-2　通路設計的考量因素

設計通路的考量因素通常可以由市場因素、產品因素、消費者因素、公司本身條件因素，以及中間商因素等五大因素構面，如表9-1來進行設計通路決策的先期思考方向。

→ 表9-1　通路設計因素構面表

通路設計的考量因素				
市場因素	產品因素	消費者因素	公司本身因素	中間商因素
・市場類型 ・顧客數目與集中程度 ・購買數量	・基本特性 ・單價 ・技術複雜度 ・易腐性 ・標準化程度	・季節性 ・購買頻率 ・涉入程度	・公司的資源 ・對通路的管理 ・對通路的控制	・通路取得的難易程度 ・中間商提供的服務水準

PART
3

一、市場因素

（一）市場類型

在進行通路的決策上必須先考量的是市場類型上需先了解購買者為一般的個人顧客或為組織顧客。

1. **組織顧客市場**： 公司 ←——————→ 公司 　此型態通路最短

2. **個人為主消費者市場**：通路長短不一，端看產品種類

   (1) 便利品：通路最長。

   (2) 選購品：通路中等。

   (3) 特殊品：通路最短。

（二）顧客數目與集中程度

當顧客的人數眾多時，例如：流行服飾銷售以一般民眾為銷售對象，則其通路一定會比一般工業機具產品的據點為多。在集中程度上則端看顧客群主要是集中一地或是分散各處，例如：學區裡的餐廳主要顧客群就是該學校的師生，所以他們的據點並不會太多，且集中在學校附近不會離學校太遠；而銀行的ATM提款機系統據點設置則並非如此，由於一般民眾皆會提款，且散居於臺灣各地，所以ATM提款機的據點設立上必定眾多，且相當分散，如此才能滿足各地有需求的消費者。

（三）購買數量

此部分指的並非單純僅侷限於商品數量，也可指一次購買的金額龐大，例如：在汽車銷售上，由於每次購買的單價消費金額皆有一定程度的水準，且不需要像一般民生用品，如：衛生紙或食品類需要常常購買，所以這類型產品的銷售通路據點，就不需要如同一般民生用品的銷售據點般分散。

二、產品因素

（一）基本特性

產品的型態如重量或者是大小也會影響到整體通路的長或短，產品越重越大相對其通路必定越短。例如：汽車代理商，通常都是將需要販售的車輛直接運送至展示中心，當有需求的消費者前來購買，確定完成交易後，消費者即可直接從展示中心將他

們所購買的車輛開走。如此除了可以節省業者在運送貨品至消費者手上的成本外，也可以降低將產品運送至銷售者手上其中過程所需承擔的風險。

（二）單價

　　產品的價格高低將會影響到整體通路的布局，例如：在一般零食或是飲料上這些單價低的物品，可以廣布在許多銷售據點上，不需要專人解說，消費者隨手即可購買，不同於像汽車銷售這類高單價的商品需要有專人詳細的解說，且不需要到處設立據點，消費者有需要自然會至專門銷售與展示的地點。

（三）技術複雜度

　　通常技術的專業程度也會影響到通路的型態，技術的複雜度如果越高，從製造商到消費者之間的通路層次也會越短。例如：專業的健身中心需要有設備以及專門人員在旁指導與協助，才能讓前來消費的顧客產生效果，所以這類型的服務通常都是總公司直接以直營的方式進行服務，而非像一般民生用品可以經過層層通路到處分布。

（四）易腐性

　　產品的品質是否容易變化，也將會影響到通路的決策。例如：漁獲產品強調的就是新鮮，放置過久容易腐臭。因此在業者到消費者之間的通路商必須要盡量縮短，才能使消費者以最快的方式取得新鮮的產品。

（五）標準化程度

　　產品的標準化程度越高，其通路的長度也會比標準化程度低的產品長，如同標準化製程的泡麵、罐裝飲料等，這些類型的通路系統就會比專業的瘦身中心服務通路系統來的長且廣。

三、消費者因素

（一）季節性

　　在此季節性可分為兩部分，其一為當消費者會因為季節性的關係而影響該產品購買意願時，則該產品的通路系統則越長，以利調節庫存。例如：冷氣機的販售，消費者便是以季節的改變影響購買的意願；而相對已生產者的季節性產出為主的產品通路系統則較短，例如：水果的銷售，當季季節水果一產出，生產者便希望可以在第一時間快速運送到消費者手中，以其利用新鮮即時的方式可以取得較高的價格。

（二）購買頻率

　　購買頻率越高的產品其通路系統便越長且越廣，以方便消費者的購買。例如：衛生紙的販售，便是消費者幾乎每天都必需使用，其通路之廣，連一般公廁也可發現衛生紙的自動販賣機。

（三）涉入程度

　　當消費者對於該產品的涉入程度越高，關心與研究越高，則該產品的通路系統則越短，因為消費者對於購買該類型產品通常會仔細的詢問與比較才會決定是否購買，因此製造商通常會親自直接替消費者講解，提供第一手的服務。例如：先前提到的汽車銷售商便為如此，消費者必定需要經過多方的比較試乘，仔細研究後才會定是否購買。

四、公司本身因素

（一）公司的資源

　　如果公司的資源豐厚，除了可以自行製造賺取生產上的利潤外，也可以自行建立行銷的通路系統，賺取行銷通路的利潤，並且縮短將產品運送至消費者手上的通路距離。例如：統一集團建立統一超商連鎖系統，連貨品的運送也由本身企業的貨運體系進行配送，從生產一直到販售給消費者的整體過程中，皆掌握在本身企業手中，賺取最大的利潤不需再經由其他的中間商通路，若不是統一集團本身擁有豐厚的企業資源，是無法達成如此的規模。

（二）對通路的管理

　　公司對於通路的管理能力也將會影響到整體通路系統的布建，管理能力越高則所需要的中間商也就越少，整體通路系統則越短，其中的管理能力包含管理上的制度、過往的經營經驗、人員的專業性等。

（三）對通路的控制

　　當廠商對於通路系統的控制程度越高則整體通路系統越短，自行設立直營店方式便是控制程度最高的方式之一，例如：中國石油公司在最早設立加油站據點時，便是以全國皆為總公司直營門市方式為主。

五、中間商因素

（一）通路取得的難易程度

在通路的取得上如果越不容易，則整體通路系統則越短，例如：運動健身中心所需要的場地面積大，且需要相當專業的人才才能進行服務的銷售，因此大部分皆為總公司以直營的方式來進行據點的設置。

（二）中間商提供的服務水準

若在市場上中間商可以提供的服務水準相當高，可以替製造商代為提供服務時，則通路的層次就可以加長，讓中間商有可以發揮的空間，而製造商也無須再自行設立下游販售的通路，增加本身的營業成本。例如：手機業者的中間通路商如聯強、震旦行等本身都具有相當高水準的維修能力，因此當手機製造商如同三星、SONY等廠商就不需再投入成本進行通路據點的布置。

9-3　通路型態的選擇

在通路型態的選擇上，經過上述五大構面的考量後，下一個步驟即可進行通路型態的選擇。一般而言，選擇的型態大略分為下列三種：

（一）密集式配銷 (intensive distribution)

密集式配銷是一種密度最高的銷售方式，在區域內盡力的增加銷售的據點與分店，一般來說在市場規模大、產品的差異性小、對於產品的忠誠度低、購買頻率高、單位售價低的產品，大部分皆會使用該種密集配銷的通路型態策略。例如：統一7-11超商的經營模式，建立起龐大的連鎖便利超商王國，截至2022年12月底，全臺灣的7-11超商總數已達到店數6,631家驚人規模，2021年同期店數6,379家。其24小時、全年無休的營業模式，再加上據點散布全省各縣市，與豐富且多變的產品組合，足以滿足很多人的需求，7-11已經成為多數臺灣人生活中不可或缺的角色，它可以說是在臺灣近幾十年來，影響人民生活最大的變革者。

PART 3

（二）獨家式配銷 (exclusive distribution)

所謂的獨家式配銷係指在一大區域面積上，只設置一間或是少數幾間的配銷通路，一般來說當產品有特殊性、忠誠度高、產品差異大、單價高、且購買頻率低、品牌形象高、與市場規模小、並需要有特別專員服務解說的產品特性時，業者大部分皆會採取獨家式配銷方式來進行通路決策，這對企業本身是最有效率的經營方式。例如：高級車款車商如賓士、BMW、保時捷、法拉利、甚至是藍寶堅尼等，在市面上並不會看見這些車商到處設立營業據點，他們便是採取獨家式配銷的方式來進行銷售，當消費者有需要時便會自行前往這些車商的少數據點，而在這些據點裡也會有車商所訓練的專業服務人員為消費者進行最詳細的產品說明與服務。

（三）選擇式配銷 (selective distribution)

選擇性的配銷則是指在特定的區域裡面，只選擇少數的幾個中間商進行配銷的通路，進行產品的服務與銷售。例如：在販售3C產品上這些3C產品的廠商會統一由全國電子或是燦坤等電子量販店的配銷通路來進行銷售，主要著眼於中間商的銷售能力與民眾對於該中間商的品牌認同，與中間商對於上游廠商的配合程度。

9-4 通路成長策略組合

配銷通路的成長策略組合上，一般來說可以分為七種的策略型態與組合，如表9-2所示。

→ 表9-2 通路成長策略組合

通路成長策略組合	多點策略(multisite strategy)
	多重服務策略(multiservice strategy)
	多重區隔策略(multisegment strategy)
	多點、多重服務策略(multisite, multiservice strategy)
	多點、多重區隔策略(multisite, multisegment strategy)
	多重服務、多重區隔策略(multiservice, multisegment strategy)
	多點、多重服務、多重區隔策略(multisite, multiservice, multisegment strategy)

一、多點策略

（一）擴展另一銷售和服務據點，以擴大服務範圍

多點策略簡單來說，就是單一服務據點的再複製。一般服務業者都是從單一的據點開始展開經營模式，但當其經營達到一定的規模時，僅有單一的據點，則企業本身的銷售成長將會開始受到限制。所以為了擴大企業的成長，多點經營的策略便是最簡單也是最快速的成長策略，透過擴展另一據點的方式，使企業本身的銷售有倍增式的成長。例如臺灣的統一7-11超商在1979年引進7-11，同年5月，14家7-11超商於臺北市、高雄市與臺南市同時開幕。一直至1994年7月千成門市成立後首度突破1,000家，1999年突破2,000家。1995年進入宜蘭，1996年進入花東地區，完成臺灣本島縣市全部展店目標。1999年開始也跨海至離島展店，先後在澎湖縣、金門縣本島、烈嶼、馬祖南竿、北竿、東引、綠島、小琉球等離島成立超過40家門市，至2022年12月底，全臺灣的7-11超商總數已達到店數6,631家，並成為臺灣最大的連鎖便利超商龍頭地位。

（二）策略重點

多點策略在執行上的重點在於，先決條件必須是服務業者所提供的服務，必須是高度專業，但是簡單、不複雜，且易於進行服務品質的控管，例如：美式咖啡連鎖企業星巴克、速食業者麥當勞、85度C咖啡等即是在業者所設定的標準作業流程規範下，在各地廣設據點。

（三）可能遭遇的問題

進行多點策略時必須注意一些可能會發生的問題，當據點開始快速擴展之時，首先所帶來的問題便是企業內部的資源是否充足，諸如資金或是產品存貨是否足夠等。再來就是當進行多據點的管理時是否擁有足夠的專業人員可以進行管理或是據點經營的能力，否則當據點設立後卻缺乏專業的管理人員，該據點的設立將成為企業內虧損的來源，而非獲利的方式。

二、多重服務策略

（一）在單點提供多重服務，以擴大營業規模

當服務業者認為本身的據點已經足夠，而不想再擴展其據點數量，但卻又想增加據點的營業收入時，並會開始傾向使用這種通路經營策略，透過單點多重服務的方式

PART **3**

來擴大本身據點的營業規模，以增加來客率與顧客的滿意程度。例如：學校的經營模式，多數學校並不可能到處廣設據點或是分校，那如果要增加其經營的規模或許就可以從增加新的科系或是碩士班等方式，增添其企業的經營層面。

（二）策略重點

多重服務的策略重點在於，服務業者增加新的服務項目之前必須先釐清核心的服務為何，以及周邊服務為何的觀念。例如：學校經營的核心服務價值在於提供學生學習知識的場所，這樣的核心服務不可改變，可以增加的則是周邊的服務，像是可以興建校內學生專屬的游泳池、攀岩場、擴大停車場的設置、以及宿舍的興建讓學生可以減輕住宿的負擔等，皆為增加周邊服務而又不影響到核心服務體系的方式。

（三）可能遭遇的問題

在增加服務項目時必須要有下列幾點的考量：

1. 顧客的接受程度為何？
2. 服務項目增加時，企業是否有相對足夠的管理與經營能力？
3. 是否會造成顧客對企業形象認知上的混淆？
4. 服務項目增加時，客戶的滿意度是否會相對增加？企業的利潤是否也可以得到提升？

例如：學校的經營為例，如果增加了學生專屬的游泳池，學生的使用效率是否良好，會不會造成沒人使用的蚊子館變成資源上的浪費，增加這些設備學校是否有足夠的人力來管理，而增加游泳池的設施是否可以增加學生前來就讀的意願？當周邊項目增加時是否會造成學生對於學校形象上認知的混淆。舉例來說，高雄義守大學初期打算建設名叫義大城的購物園區，裡面除了有購物中心外，甚至還有一些遊樂設施，像是雲霄飛車等，是否會造成學生不知到底是來唸大學求得知識，或是前來度假這種認知上的混亂。

三、多重區隔策略

（一）以現有之服務供應給新的市場區隔

一般來此種策略通常運用在業者的產能尚有可以發揮的空間時所利用，除了可以將原有的產能供應給原來客戶外，也可以將多餘沒有利用的產能提供給新的顧客群。

例如：最早期的7-11超商在美國發跡之初便是只從早上7點營業到晚上11點，後來才改變成全天候24小時服務，充分利用了整體店面的產能，以及學校的經營也是如此，有些學校只有日間部的學生因此到了下午晚上校區教室就會有閒置的情況，因而開始產生招收夜間部學生的業務內容，以期待增加學校的整體產能。

（二）策略重點

多重區隔策略的策略運用重點便是在於如何使企業本身的產能可以充分的發揮到最極致，就像是方才所舉的例子統一7-11超商以及學校增設夜間部的行為一樣。

（三）可能遭遇之問題

在運用多重區隔策略時必須注意下列的一些問題，當各個區隔並不明顯或者是不存在其明顯的差異時便很難適用，再者就是當為了增加產能，而必須將原來的服務做大量修改時，便會發生執行上的困難。例如：在傳統的安親班或者是才藝班學生下課之後，又想兼做國中生或是高中生科目的補習與課後輔導，便會產生是否必須引進新的專任老師以及編撰新教材等人幅度的改變。

四、多點、多重服務策略

（一）在多個不同的服務據點，提供多重服務

多點、多重服務策略是指，企業一開始會以最基本的多點擴展方式來進行整體企業業務與業績的成長，當多點的策略穩定且成功之後，就會開始思考該如何維持顧客忠誠度，以及創造更多的業績，便可在這些多點上再加入多重服務的策略。例如：統一7-11超商便是以如此方式經營，一開始先從多點的方式積極擴展在臺灣的據點數，當數量達到穩定之後，為了留住顧客且增加更多潛在的消費者便開始加入了，像是傳真服務、影印服務、宅配服務、代收水電費、停車費、電話費等等不同於以往便利超商屬性的新功能與服務。

（二）策略重點

多點、多重服務策略的重點在於這些新服務是否能夠有效維持，甚至提高顧客的忠誠度，以及在多重服務上的建構是否會遭遇太多的困難等。例如：7-11超商若額外提供了傳真服務以及影印服務等，是否會增加員工的負擔，以及每位員工是否都會正確操作機器等。

（三）可能遭遇的問題

而多點、多重服務策略上所會遇到的問題，在於當多重服務增加時是否會造成經營成本過高，以及管理問題是否會變多，人員教育訓練時程變長且變多，還有服務品質是否會因為服務過多而造成品質下降等都是必須要審慎思考的。例如：先前7-11所提到增加傳真服務以及影印服務是否造成營業成本上升，如電費與通訊費用等，以及必須教育員工如何操作機臺，當在結帳又必須收取水電費、停車費、電話費，與處理宅配服務時，是否會造成服務品質的下降，都是業者在新增服務時所需要考量的問題。

五、多點、多重區隔策略

（一）在多個不同的地點，針對不同區隔市場提供服務

多點、多重區隔策略係指，當不同的市場區隔有嚴重的重疊而且多點策略的發展無法滿足消費者需求時的一種通路策略選擇。例如：統一集團雖然擁有全臺灣最多數量的便利超商7-11，這些通路雖然可以滿足大部分的消費者，但卻無法滿足一些例如卡車司機、計程車司機等無法臨時下車購物的職業消費者族群，而檳榔攤的業者卻可以滿足這些職業顧客的需求，因此若可以將本身的通路據點擴展至這些檳榔攤身上必能更增加其營業收入與業績。

（二）策略重點

使用多點、多重區隔策略時所注意的重點為，必須先確認市場的區隔是否明顯，以及是否可以產生足夠的利潤。例如：統一集團將通路擴展至檳榔攤上所做出的市場區隔即相當明顯，替無法直接下車進入超商購買物品的運將群設計，而統一集團估計全臺灣大約有10萬家的檳榔攤業者，若每天可以銷售100元的統一集團物品，則每天至少就有1000萬元的商機存在，相當可觀。

（三）可能遭遇的問題

使用多點、多重區隔策略所可能遭遇的問題在於，是否會造成整體企業營運成本的上升，若成本上升那利潤是否也能成正比的跟著增加。例如：統一集團如要增加檳榔攤的通路，勢必需要增加更多的送貨路線，而這些增加的路線所需要的額外油資與運輸成本花費是否能獲得有效的利潤成長，都是必須考量的課題。

六、多重服務、多重區隔策略

（一）以多重服務，針對不同區隔市場提供服務

此指服務的業者必須要有多種不同的核心服務的內容，以滿足不同的客戶群，且在不同的區隔市場上，這些客戶群不會有過多的互動。例如：一般的舞蹈教室可以提供較年輕族群學習流行的舞步，像是街舞、踢踏舞等較為動感的舞步；針對婦女族群推出具有瘦身效果的韻律舞或有氧舞蹈；對於老年人則可以提供較具有社交性質的交際舞、國標舞等舞步。

（二）策略重點

多重服務、多重區隔策略的實施重點在於必須是企業擁有多餘產能時才能使用，且每項服務都必須是核心的服務，以及各區隔市場上不會有太多的互動等。例如：舞蹈教室如果教室不夠多，或是地點場地不夠大，無閒置空間產生多餘產能時，便不適合也無法教授過多不同的舞步，而市場區隔若不夠明確，會造成目標族群的混亂與重疊等。

（三）可能遭遇的問題

實施多重服務、多重區隔策略時可能會遇到提供多核心服務時無法完全顧及各方面服務的品質，以及區隔是否可以持續維持。還有員工的挑選，以及教育訓練是否足夠滿足客戶們的需求，皆是需要重視的問題。例如：舞蹈教室提供多種舞蹈教學時，是否每項舞蹈都可以提供良好的教學品質，員工是否有足夠的專業素養可以教導學生，現場服務人員是否能滿足不同區隔消費者的不同需求，皆是需要注意的事項。

七、多點、多重服務、多重區隔策略

（一）服務據點、服務、區隔皆需要多重化

此種策略就是綜合以上三種策略的一種整體性策略，除了要有足夠的據點外，也必須有足夠的能力進行多樣的服務、且有多種不同的核心服務可以滿足不同區隔的市場族群。例如：由於網路數位音樂越來越普及，歐美的星巴克咖啡這幾年除了積極在世界各地開拓新據點外，也開始與HP公司合作推出駐店式數位音樂服務的新型態服務，將喜愛欣賞音樂的新族群利用HP平板電腦為平臺，使這些消費者可以在此平臺聆聽超過15萬首的曲目，並且供顧客挑選喜愛音樂之後可以自行在店內進行燒錄攜帶回家。

（二）策略重點

使用多點、多重服務、多重區隔策略的重點在於，企業本身必須要有相當充足的資金與資源才可以進行實施，因為通常要提供如此多的服務且照顧到每個消費族群，所需要投入的成本都是相當驚人的。

（三）可能遭遇的問題

使用多點、多重服務、多重區隔策略時可能會遇到的問題便是除了營業成本增加外，要同時在多個據點提供多樣的服務，且客戶數量也會急遽增多，所需要的員工人數也會增多。當這些都持續成長時，管理階層是否有足夠能力處理，且不會造成服務品質的降低，都是必須要審慎考量的。

茲將各種配銷通路成長策略之優點整理如表9-3所示。

→ 表9-3　各種配銷通路成長策略之優點

策略	優點
多點策略	1. 銷售量增加 2. 快速擴張 3. 管理相對容易
多重服務策略	1. 銷售量增加 2. 增加現有顧客滿意度 3. 吸引新客群
多重區隔策略	1. 銷售量增加 2. 提升產能利用
多點、多重服務策略	1. 銷售量增加 2. 單點購足 3. 增加現有顧客滿意度
多點、多重區隔策略	1. 銷售量增加 2. 專注服務特定區隔市場 3. 增加現有顧客滿意度
多重服務、多重區隔策略	1. 銷售量增加
多點、多重服務、多重區隔策略	1. 銷售量增加 2. 單點一次購足 3. 預防競爭者侵蝕

7-11 OPEN POINT整併16大通路！超商、餐飲、百貨消費都靠它累點，如何打造熟客生態圈？

如果你平常會買書、喝咖啡、買生活用品，你可能會同時是康是美、星巴克、博客來的會員。他們有個共通點：都隸屬於統一集團；在過去，這些通路的活動與行銷各自獨立，但最近去結帳時會發現，這些通路累積的都是OPEN POINT點數。

2020年7月，統一超商7-ELEVEN宣布重新架構旗下OPEN POINT熟客生態圈系統， 打破單一通路會員制模式 ，只要一組帳號、一個App就能在超商、餐飲、藥妝、百貨、健身等多種通路累積點數。

今年5月，OPEN POINT已能跨16家通路串連會員、支付及使用點數，累計會員數超過1,300萬。

串連16個通路，讓消費者「一站購足」

「我們的通路有零售、餐飲等產業，這些產業都很適合會員制。」統一超商AI數位群協理張家華解釋，當會員人數、使用的點數越來越多，自然會希望能在同一個App裡使用 ，集團內部都知道會員系統遲早有一天會整併，只是時機問題。

各通路的業態與系統不同，整合的複雜度與策略也不同。舉例來說，統一時代百貨、夢時代等百貨公司既有的行銷模式跟會員制度本來就比較複雜，整合後的會員制度和權益最需要花時間討論、協商；統一精工加油站因為顧客來去匆忙，促銷方式就不會像百貨公司如此複雜，以便利為主。

不過，大家都會從集團的角度出發，希望給會員的服務越完整越好，知道串接重點是放大點數的價值，會員會更願意累點、兌換，讓點數能在多元場域流通、運用。

早在2004年，7-ELEVEN推出icash後，就已經開始在經營卡友會員了。也就是說，7-ELEVEN很早就在做會員、點數經濟，「我們要掌握消費者的需要、顧客動態，一步步推出不同的應用。」

因應數位智能消費體驗需求日增，2014年起統一超商整合旗下7-ELEVEN 與各轉投資事業包含點數、會員、支付、系統等，設統一超商AI數位群，布局數位零售。

漸進式「整併」：消費者越常用的服務，越快上線

比方說，近年人手一支手機，商家都在競爭消費者手上的注意力，所以他們才會整併生態圈在同一個App。不過，想要放進App的功能越多，介面就會變得越複雜，不太可能一步到位。OPEN POINT App內的上百個功能與服務，也是漸進式整併，「這中間需要取捨，所謂取捨不是捨棄，而是『要不要第一時間併進來』，這是一個不斷辯證、更新的過程。」

7-ELEVEN在整併OPEN POINT生態圈時，希望能讓會員只用一款App，就能解決各種生活需求，像是支付結帳、寄取件、網購、領咖啡、發票日誌、線上捐款等，而且用起來還要順暢、沒有摩擦力。取捨時，會員關心的事、常用的服務會優先上線，「我們希望推出的服務、創造的應用情境，能符合消費者『長期生活上的必須』。」

舉例來說，臺灣民眾很習慣蒐集統一發票兌獎，再加上近年環保意識抬頭，許多發票都雲端化。在操作介面上，7-ELEVEN讓會員只要報電話號碼、刷會員條碼，發票就能存進載具；使用OPEN錢包、icash Pay、LINE Pay、街口支付，也都能一碼完成支付、累點、存發票等功能。自去年7月上線至今年4月，已儲存近4億張發票，其中也包含自動兌獎、推播提醒等服務。

再以今年5月雙北升級「第三級防疫」來說，7-ELEVEN其實已在著手開發自己的實聯制系統，但在接獲政府將推出簡訊實聯制之後，還是回歸讓消費者簡單、便利的使用情境，把疾管家的實聯系統內嵌到App裡。

7-ELEVEN首創「快收便」3月8日正式上線，透過OPEN POINT APP即可隨時隨地申請。

成立AI數位群，支援各部門需求

張家華表示，他們一直都在觀察消費者需求，只是過去透過線下的收銀機記錄，現在則是用App蒐集會員的使用習慣。這些數據會影響未來產品開發、行銷方案的走向，然而，現在的資料比以往多出非常多，一旦資料多了，各單位間的溝通頻率就要增加，「數據不像掃地機器人一樣，放著就能幫你做事，在企業內取得更多即時數據，反而要做更多事。」

所以，為了因應數位支付、無紙化等數位體驗需求增加，7-ELEVEN成立了統一超商AI數位群，負責支援各部門的數位需求。張家華發現，在組織架構新增AI數位群後，各單位更積極針對各式情境、數位應用或技術做更多討論。

　　張家華指出，零售業在面對消費、產業環境變化，本來就要有不斷調整、轉型的能力，「數位轉型」只是想怎麼利用數位資源完成轉型。數位轉型是長期的工作，速度有多快、導入的工具多新穎並不是重點，重點是整合消費者需要、協調營運關係人及調整服務方式，「它不只是要了解顧客需求，某種程度上，更是要創造新的應用情境，而這個情境是要長期對消費者有用，而不是短期噱頭。」

資料來源：林庭安，數位時代，2021.06.09。

問題與討論

1. 請論述個案中7-11的服務行銷通路，與其他超商是否有所不同，其優劣勢何在？

2. 當更多超商連鎖店開始模仿7-11經營模式的同時，7-11該如何進行因應？請描述自己的想法並討論分享之。

MEMO

CHAPTER 10

服務溝通

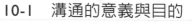

10-1　溝通的意義與目的

10-2　廣告決策

10-3　人員銷售決策

10-4　銷售推廣決策

10-5　公共關係決策

SERVICE
MANAGEMENT

10-1 溝通的意義與目的

一、溝通的意義

將服務訊息傳遞給目標視聽眾的過程中,所做的一切努力,稱之為促銷(promotion),其主要功能在於溝通(communication)。溝通涵蓋的範圍不易界定,有些人仍狹窄的定義「溝通」為媒體廣告、公共關係、專業銷售人員,而沒有留意到還有許多其他的方式可以幫助企業與顧客進行溝通。

溝通都是企業成功不可或缺的元素。少了有效的溝通,潛在顧客可能永遠也不會知道某家服務企業的存在,也不會了解他們提供哪些服務、提供什麼樣的價值、如何讓自己能夠獲得最佳利益。少了有效的溝通,可減少顧客被競爭者所提供的服務吸引,增加廠商主動的管理與控制企業識別的機會。

經由溝通,行銷人員解釋並推廣企業所提供的價值定位。他們讓現有或潛在的顧客知道相關的服務特性、利益、價格、成本,以及透過哪種通路在何時或何地可使用服務。另外,行銷人員也可經由溝通了解顧客在使用某些特定服務時,可採用哪些適當極具說服力的論點,建立顧客選擇特定品牌的偏好,或使用個人或非個人溝通的方式來幫助顧客有效率地參與服務傳遞過程。

二、溝通的過程

你經常會發現,你所說的意思與別人所領會的涵意不一致。當然,他們確切的聽到了你所說的話,卻進行了錯誤的解釋。這種情況會發生,是因為溝通是發出者和接收者之間一種雙向的活動。

溝通的過程包括:

(一) 傳送者 (sender)

可能是個人、企業、或非營利組織。當接受者對傳送者越信賴,則對接收到的訊息越覺得可靠。

（二）編碼 (encoding)

將想傳達的訊息轉換成符號的過程。必須是「傳送者」和「接受者」共同認同的符號。

（三）訊息 (message)

一套符號的組合，且必須是「接受者」所熟悉的。而訊息的發展在溝通過程中相當重要，包括：「說什麼」以及「如何去說」。

（四）通路／媒體 (channel/media)

傳播訊息的工具，可分為人員溝通媒體(personal communication media)、非人員溝通媒體(non-personal communication media)，又稱大眾傳播媒體(mass communication media)。

（五）授受者／視聽眾 (receiver/audience)

是接收訊息的一方，即訊息的聽眾或觀眾，又稱視聽眾。「傳送者」須了解「接受者」的特性的與需求。

（六）解碼 (decoding)

「接受者」對所接收到的訊息賦予意義的動作或過程。「解碼」的結果可能受到「接受者」本身的背景與特性影響，亦可能受到外界的干擾。

（七）干擾 (noise)

足以影響溝通過程中每一步驟之因素。

（八）反應與回饋 (response and feedback)

「接受者」對所接收到的訊息向「傳送者」表達看法與反應，即屬之。在整個溝通的過程中，「反應與回饋」的有無係決定溝通成敗的關鍵因素。

溝通不只在吸引顧客，也包括與目前的顧客保持聯繫並建立關係。顧客關係的培養端視企業是否具備內容廣泛與即時的客戶資料庫，以及將資料庫轉為個人化運用的能力。茲以旅遊業為例，整個溝通程序如圖10-1所示。

→ 表10-1　溝通的過程：以旅遊與飯店業為例

過　程	說　明
1.傳送者	傳送者是將訊息傳送給客戶的個人或組織，有兩個主要的發出者，商業和社會。商業發出者是由公司和其他組織所設計的廣告和其他促銷方法，社會傳送者（也就是為人所知的「口碑廣告」）是人與人（包括朋友、親戚、商業夥伴和意見領袖）之間的訊息傳播廣告。
2.編碼	傳送者確切的知道他們想要傳達什麼，但是他們必須將訊息譯成一系列的詞彙、圖畫、色彩、聲音、行動，甚至是身體語言。
3.訊息	訊息是傳送者想傳達，並希望接受者可以理解的東西。
4.通路／媒體	通路或媒體是傳送者所選擇的，以將他們的訊息傳達給接受者的溝通管道。大眾媒體－電視、電臺、報紙、雜誌－是商業發出者所普遍使用的。通路則是銷售人員在潛在客戶之間的雙向溝通，例如：來自於一個旅行代理或旅館、航空公司銷售人員的展示。
5.接受者	接收者是注意或聽到發出訊息的人。
6.解碼	當你看到或聽到一個促銷訊息時，你要解釋出它所包含的真正涵意。當然，傳送者希望你會聽到或注意到被譯成電碼的訊息，而且不要把他過濾掉。
7.干擾	在溝通中，噪音是一種物理性的干擾，與你在選臺時的感受有些類似。由於溝通背景的噪音水準是如此之大，以至於在面對面或電話交談中，傳送者和接受者所感知到的訊息是不一樣的。在大眾媒體中，噪音的表現形式是不同的。傳送者的訊息為得到接受者的注意，要與來自競爭對手的訊息以及來自不相關的服務和產品的促銷相競爭。
8.反應	所有促銷的最後目標都是影響客戶的購買行為。許多旅遊與飯店業組織都透過使用名叫「直接響應」的廣告技巧，來達成這一目標，客戶被要求以打免費電話或寄回填好的贈券的方式做出反應。
9.回饋	回饋是接受者傳達回傳送者的訊息。在兩個人的溝通中，回饋是相當容易判斷的，接收者會給傳送者口頭的和非口頭的（身體語言）的回饋。當大眾媒體被使用時，回饋的評估就要難得多。顯然，回饋最終是以促銷對銷售的影響來表達的，通常會使用市場行銷研究來評定大眾媒體的促銷效果，特別是廣告活動的效果。

三、基本溝通方式

溝通分成明確的溝通和暗喻的溝通，如表10-2所示，是向客戶傳達促銷訊息的兩個基本方式。

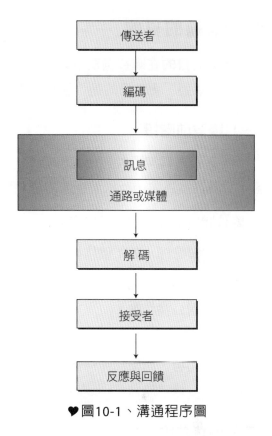

♥圖10-1、溝通程序圖

→ 表10-2　基本溝通方式

溝通方式	內　　容
明確的溝通	是透過使用口頭語言（例如：電視、收音機、電話或人員推銷）或書面語言（例如：廣告板、銷售計畫）提供給客戶明確的訊息。人員推銷、促銷、交易展示和公共關係及宣傳（促銷組合要素）屬於與客戶所進行的明確的溝通。
暗喻的溝通	是透過身體語言所傳達的訊號或訊息（例如，臉部表情、手勢以及其他的身體移動），他們也可以透過非語言的媒介來表達，包括： 1. 產品／服務組合（例如：設施、服務、裝飾和員工制服的品質和種類）。 2. 價格、費率或費用。 3. 分銷管道。 4. 為促銷所選擇的媒介。 5. 進行促銷的媒體（例如：雜誌或報紙的名稱、電視或電臺名稱及節目的種類）。 6. 為合作促銷所選擇的合作者。 7. 所提供的包裝和特別規劃的品質。 8. 管理和提供服務的人。

PART **3**

四、溝通的目的

溝通的目的在購買過程中的不同階段,代表了不同意義。且服務溝通不僅是正常服務下的溝通,更重要的是「服務錯誤」時的溝通。

(一)購買前階段

因為服務具無形性、不可分割性、變動性的特性等,使得服務的消費對顧客而言,更具高度風險,所以消費前的資料蒐集與分析更形重要。

1. 降低購買風險,如:試用產品、口碑相傳、人員解說等。

2. 提升購買意願,如:價格折扣、附贈贈品等。

3. 發展企業形象,如:公共關係和議題操作,也許有助於企業形象印象良好;又如同企業舉辦公益活動。

4. 建立「品牌權益」。品牌權益係指企業品牌之價值。如:良好的公共關係,帶動媒體正面報導,而使品牌權益增加。

5. 增加知名度。雖然「知名度」不一定等於「指名度」。

(二)消費階段

是指顧客實際消費的階段,希望達成下列兩個目的。

1. 加強顧客滿意度,如:服務態度、產品價格折扣等。

2. 增加再購率:吸引顧客再次消費,係行銷人員努力的目標。此階段的重點在於服務過程中的努力。

(三)購後階段

此階段著重於「追蹤」。首先要能「刺激正面口碑」,如:提供意見卡給顧客、按時寄送生日卡祝賀等,以期「增加再購率」。

五、服務溝通組合類型及互動溝通

服務溝通組合若以傳統行銷之推廣組合為基礎,其基本可運用促銷、廣告、公共關係、人員溝通這四種分類。在促銷(sales promotion)方面,包含了服務試用、折扣券、特惠組合、贈品、抽獎／比賽和酬賓回饋等;廣告則可分成電波媒體(電視、廣播、網路等)、平面媒體(報紙、雜誌)、戶外廣告物和DM;在公共關係方面,則

要注重媒體關係之建立、創造報導議題、回饋社會進行贊助活動或舉辦展覽會等；至於人員溝通 (personal communication) 則包含了前場服務人員、消費後之售後服務人員、口碑和說明會等。

10-2 廣告決策

一、廣告的意義

廣告(advertisement)原代表廣泛的告知。在此界定為：「由特定者贊助付款，透過大眾媒體介紹產品、服務或觀念的一種非人員溝通方式」。有特定的目標視聽眾，並非「廣而告知」。廣告的內容與範圍可經由6C來了解：Consumer、Communication、Constraints、Creativity、Channel、Campaigns。

廣告(advertising)是促銷組合中使用最廣泛的促銷方式，它也是促銷資金花費量最大的項目。廣告為顧客行銷中最有支配性的溝通方式，通常是服務行銷人員和顧客間的第一線接觸，有建立知覺、告知、說服和提醒的作用，廣告在所提供的服務和教育顧客產品特色、能力的實際資訊方面，扮演了很重要的角色。廣告是「由商業公司或非營利性組織和個人透過有償使用不同媒體所做的非人員化的溝通。他們在廣告訊息中將以某種形式被確認，他們的目的是告知訊息或勸說特定的客戶群購買某種產品／服務」。這個定義中的核心是「有償使用」、「非人員化的」和「被確認的」。

二、廣告的類型

（一）先鋒式廣告

主要用於告知性目標。當新產品上市時，只要告知其品牌名稱即可，不須多言。先鋒式廣告之重點在於引起消費者「注意」。例如：路邊廣告看板寫著，「某某量販店即將於12月18日正式開幕」。

（二）推薦式廣告

主要用於說服性目標，其必定有其主題訴求。例如：Air Waves口香糖－婚禮篇，廣告中強調口香糖的清涼屬性。以及「斯斯有三種，感冒用斯斯、咳嗽用斯斯、鼻塞

鼻炎用斯斯」，已清楚傳達該產品的使用時機。此外，推薦式廣告更須藉由推薦人在廣告中表達對產品的認同，來建立或重建消費者對廣告的態度。亦即推薦式廣告係透過「平衡理論」(theory of balance)來運作。換言之，透過消費者對推薦人的強烈好感，且推薦人與產品緊密結合，使得消費者對產品或服務亦連帶產生好感(Mowen & Brown, 1980)。

（三）比較式廣告

比較式廣告是指在廣告中，對被推薦的品牌直接進行產品或服務的屬性比較。至於比較式廣告可分為兩種：第一種是明示品牌的比較式廣告。例如，某房地產廣告，是利用屬性表格與附近的對手產品（提示大樓名稱），比較每坪單價、公設比、與捷運站出口的距離、學區，與休閒設施等；又如和信電訊的電視廣告，藉由與中華、遠傳電信兩家的桌球比賽，強調網內互打七七七七分鐘免費，比對手的七百分鐘免費都要來的多。第二種是非明示品牌的比較式廣告。此時，並不指名對手之品牌，因為消費者可能不在乎；或是為了避開可能衍生的法律訴訟問題，所以用隱喻的方式表現。例如：幫寶適嬰兒紙尿褲，強調實驗證明，吸水力比其他牌子要強。

1. 比較式廣告的訴求方式

(1) 反襯比較：以反面的產品屬性如價格，襯托出本品牌的卓越性。例如：「雖然我們的價格較貴，但是品質更好」。

(2) 平位比較：強調與競爭品牌同一等級，常見於弱勢品牌面對領導品牌的高攀式比較。例如：福特汽車：盲人篇，以關門聲音讓盲人誤以為是雙B汽車。

(3) 優勢比較：強調自己優於對手。

(4) 組合比較：同時比較兩種屬性以上。

(5) 直接品牌聯盟比較：則是將自己與比較品牌相結合，且明示競爭品牌的名稱，此時必須有明確的事實或十分客觀的數據資料，才能使用此種比較方式。

2. 比較式廣告的效果

(1) 適用於不知名小品牌，挑戰知名品牌。

(2) 最好搭配以客觀的品牌屬性與資訊來做比較。

(3) 除非能取得消費者的信賴，證明本公司的產品或服務真的比其他品牌好，否則比較式廣告的效果並不一定明顯。

（四）提醒式廣告

只是不斷地提醒消費者，不要忘了本公司的產品，保持品牌知名度。例如：可爾必思、明星花露水，與大同電鍋等。

基本上，廣告的運用會引起消費者對品牌的情感，因此透過成功的廣告訴求，可使消費者對品牌所要傳達的概念，或是產品功能的表達更加了解，進而建立起良好的品牌形象。例如，在推薦式廣告常用的廣告代言人策略中，廣告代言的效果首先是先引起消費者注意，提升品牌的知名度，建立起獨特的品牌形象，進而將消費者對於代言人的情感轉移至產品上。當消費者處理從廣告上得來的訊息時，會透過她們對代言人的原有印象，來決定對該服務產品或品牌的形象，這種從對代言人的印象，會順利移轉為對產品或品牌的形象，是為代理學習，也是名人代言機制如此有效的原因。因此，當企業在運用廣告代言人推薦服務產品或品牌時，會運用廣告代言人來暗示該品牌的形象。因為品牌形象的行程係源於消費者對品牌產生的一連串聯想，若是將抽象的品牌形象或概念，透過代言人的傳達使之具體化，製作出令消費者印象深刻的廣告文案，使消費者會容易產生聯想，很自然形成品牌特有的形象，使消費者認為該代言人就代表著品牌。

三、廣告的功能

一般而言，廣告具備七大功能，分別為：

1. **支援銷售人員**：以廣告增加消費者的印象，從而有助於銷售。

2. **提高經紀商配合的意願**：當廣告量增加，發展通路的阻力將會降低。

3. **擴大整個產業的銷售量**：如：羊奶粉早期的廣告。

4. **抵消競爭者的廣告效果**：如：洋芋片、玉米片業者廣告強調對方的產品過油，自家產品少油且健康。

5. **增加與維持銷售量**：如冬天的火鍋料與冰品廣告。

6. **減少銷售波動**：如淡季的廣告量上升，以平衡產量與銷售量。

7. **加強顧客信心與修正偏見**：通常廣告產品給予顧客的信心會增加。

四、廣告管理

　　廣告表現方式或廣告訴求，係指如何做好有效的廣告管理。廣告管理的五M包括：廣告之目標與使命(mission)、預算決策(money)、訊息決策(message)、媒體決策(media)、效果評估(measurement)。

（一）廣告之目標與使命 (mission)

　　設定廣告目標：「銷售目標」與「溝通目標」。銷售目標包括：銷售額大小、銷售量多寡、或銷售額（量）的成長率、市占率等。而溝通目標包括：知名度、品牌回憶率、理解度等。任何目標的設定，必須是清楚的、明確的、可量化的，且具挑戰性的。

（二）預算決策 (money)：思考廣告預算的範圍

　　方法包括：量入為出法、銷售百分比法、競爭對策法、目標任務法等。另須注意廣告預算應具備「彈性」，並視情況予以調整，如：大眾接受度高，可能增加廣告期間而使費用超出預算；同理，若引起外界觀感不佳或不合法令，可能停止廣告執行，而使預算剩餘。

（三）訊息決策 (message)

　　訊息的決策係指欲傳達何種議息，包括：須先考量訊息說些什麼(what to say)、訊息如何表達(how to say)；前者意謂創意的產生，後者意謂訴求方式與表達手法。

　　在創意方面，廣告的創意絕非「無中生有」，而是指如何利用「有效的方法」將產品的優勢顯現出來，並傳遞給消費者；因此，需先了解如何使創意有效的彰顯。有效創意的條件需符合四點：

1. 提供消費者利益或解決問題的方法。

2. 必須是消費者期望或所需要的。

3. 需與品牌合而為一。

4. 可以透過媒體傳達給消費者。

　　或許可以進一步思考，如何發展創意或刺激創意？「獨特的銷售主張」、「品牌形象」、「定位」是常用的切入點。

在訊息表達方面，訴求方式通常分為：

1. 理性(rational)，即「說之以理」，如：選舉時的政見廣告。

2. 感性(emotional)，即「動之以情」，如：汽車的情境廣告等。

3. 道德(moral)，即"do the right thing"、做對的事情，如：公益性戒菸廣告等。

4. 恐懼(fear)，即威脅、恐嚇消費者，如：2003安泰保險廣告以死神系列為主。

　　訊息的表達手法包括：生活片段、生活形態、美好形象（指幻想式）、幽默式、示範式、證據式、見證式、音樂式…。

（四）媒體決策 (media)：媒體種類、媒體選擇、媒體規劃

　　廣告需透過媒體做為媒介，方能自企業傳達至消費者，因此選擇何種媒體來傳達訊息，是廣告管理中的重要環節。審慎評估媒體種類、媒體選擇、媒體規劃三層面，是密不可分的課題。

1. 媒體種類及其特性如表10-3所示。

➡ 表10-3　不同媒體種類間的比較

媒體種類	常見類別	優點	缺點
印刷媒體	報章雜誌、宣傳單等。	區域可廣泛、能刊登相當多資訊、有傳閱的機會、可依市場特性選擇適合的印刷媒體。	發行前即須定稿，無法立刻隨市場變化修正。
廣播媒體	電視。	較具吸引力、感染力、說服力。	成本通常較高，且易受干擾。
	電臺。	成本較低、可接觸電視廣告的死角（不同族群）。	只有聲音，沒有影像，聽眾不易專注。
戶外媒體	大型看板、車體廣告、霓虹燈、高空汽球等。	成本較低，能夠重複接觸特定顧客群。	不能選擇目標視聽眾，且廣告內容表現有所侷限。

PART
3

2. 媒體選擇，此處是指除了各種媒體的特性之外，仍需考量的層面。

(1) 地區範圍：是否太狹窄或太廣泛。

(2) 目標視聽眾的特性：有無次文化？可藉由次文化用語、想法、行為模式吸引視聽眾的注意。

(3) 媒體觸及率(reach rate)與頻率(frequency)

「媒體觸及率」係指在特定期間，廣告所能傳達給目標視聽眾的人數占總發行量的百分比，又稱「廣告的廣度」。例如：發行50萬份的報紙，其中有40萬份由一般大眾所閱讀，則媒體觸及率為80％。【400,000÷500,000×100%=80%】

「頻率」係指在特定期間內，接觸到廣告訊息之目標視聽眾，平均收到訊息的次數，又稱「廣告的深度」。例如：發行50萬份的廣告中，有10萬份僅被接觸一次、20萬份兩次，另20萬份三次，則頻率為2.2次。【(1×10萬+2×20萬+3×20萬)÷50萬=2.2】

另外，毛評點(gross rating point, GRP)俗稱「總收視率」，可用來評估「媒體效果」。其算法為媒體觸及率乘以頻率。以上述例子為例，GRP=176。【80×2.2=176】

(4) 媒體成本效益的估算

一般採用「每千人展露成本」(cost per millenary exposure, CPM)來估算，亦即廣告訊息傳達到每千人所需的成本。例如：某報刊登一則廣告需要500萬元，發行量50萬份，毛評點176，則CPM=57元／千人次【5,000,000÷(500,000×176)×1,000=57】

不過，以CPM作為媒體依據時，仍須考慮一般視聽眾是否真為公司的目標顧客？不同的媒體對消費者而言，其廣告的注意率是否不同？各種媒體給予目標視聽的信賴度是否足夠？

3. 媒體規劃：主要任務是安排「廣告時程」(scheduling)

通常會受到一些因素的影響，如：可預測的季節性、不可預測的競爭者之時段、預算…等。

（五）效果評估 (measurement)

效果評估係指廣告的效果應如何評估。一般可由「銷售效果」與「溝通效果」來檢視。如：銷售量（額）是否變動，或顧客的意見反應或顧客的觀感…等。

10-3　人員銷售決策

一、服務人員的角色與人員銷售的意義

　　服務人員扮演了公司及顧客之間的橋梁，除了提供服務滿足顧客之需求外，亦創造顧客滿意度及傳遞企業及顧客雙方的意見。尤其是在第一線接觸顧客的服務人員，是顧客評斷服務好壞的基本準則。因此，第一線服務人員需了解顧客的需求並詮釋顧客需要，對顧客滿意度有最直接的影響。第一線服務人員在組織內通常技能或薪資較低，例如：櫃檯人員、接單人員、總機人員、店員、卡車司機等；在某些產業第一線服務人員可能是高薪、高學歷之專業人士，例如：醫師、律師、會計師、顧問師、建築師等。

　　人員銷售係指透過服務人員的溝通，說服他人購買的過程。幾乎每個組織都脫離不了人員銷售，且就各項溝通組合要素而言，唯有人員銷售是最接近顧客需求的功能。值得一提的是，凡參與服務的人，包括：服務現場的員工、交易的顧客、其他在服務現場的顧客或旁人，皆可能成為說服顧客購買的因素之一。例如：攤販叫賣或百貨公司特賣區，當聚集的人潮越多時，通常顧客購買的可能性越高。

二、人員銷售的任務

　　服務人員銷售的主要任務是將潛在顧客變成顧客，並維持良好的顧客關係。任務內容包括：

（一）發掘顧客 (prospecting)

　　你可曾在街頭填寫美容類問卷，當問卷填寫完或在填寫問卷的中途，發卷者便以實際體驗美容產品為由，帶領受測者至駐點攤位或店裡進行試用產品？或是傳銷類產業，藉由人脈介紹新的朋友至傳銷公司裡說明產品的用途，皆屬之。

（二）溝通訊息 (communicating)

　　服務人員需透過有技巧的溝通方式，如：話術研擬、虛擬模擬…等方式，增加顧客的消費慾望。例如：欲租屋的房客在看過租屋的房間後，房東總會對看屋者說：「今天已有其他人來看這房間，先付訂金者將是優先承租人」，以使看屋者急欲支付訂金；房仲業者也常以「為你保留這機會至明天中午」等話術，縮短看屋者的思考時間。

（三）推銷產品 (selling)

推銷產品有賴有效地運用推銷技術，以房仲業者為例，有時會安排不同批人在相近的時間內，參觀同一房屋，藉以暗示該房屋有許多人在等待與選擇，若心動則需快速決定購買與否。

（四）提供服務 (serving)

服務業即以服務為產品，包括：問題諮詢、技術協助、安排融資、迅速交貨、售後服務、意見反應…等，是人員銷售任務的最基本項目。

（五）收集資訊 (gathering)

資訊越充足，越有助企業與顧客間的溝通無礙。顧客資訊可自市場調查、接受服務過程中之口頭或肢體反應、口碑風評等方式獲得；亦需收集競爭對手的資訊，以適時的調整服務。

（六）銷貨分配 (allocating)

當供給小於需求時的貨物或服務，銷貨分配的良窳將是顧客滿意的最直接反應。例如：新開幕的SPA館提供每日來店前二十名顧客享有舒壓優惠券乙張，引來數十人的排隊，然而限量供應後總會有沒拿到優惠券的顧客，業者對此的處理會感受到顧客最直接的情緒，也許是顧客的不滿也可能是顧客期待次日再重新排隊。

三、人員銷售的過程

圖 10-2 係人員銷售過程的完整循環，茲分別說明如下。

（一）發掘與評選潛在顧客 (prospecting)

此為人員銷售的首要目標。服務人員能初步篩選目標顧客，針對目標顧客傳達訊息或進行說服。如：街頭問卷發放者，會針對路人的外表、年齡、性別等外在特徵決定是否需花費時間與其接觸。車行有時也會依看車者的外在品味，決定該介紹哪些功能的汽車，如：房車或跑車。

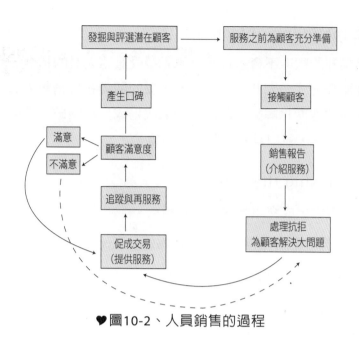

♥圖10-2、人員銷售的過程

（二）事前準備 (preparing the preapproach)

可在提供服務前，了解顧客的需求或心理，以安排行程或研擬話術。如：公司福利委員會請旅遊業者安排適合員工旅遊的行程，此時，旅遊業者會先了解預算上限、喜歡郊區或繁榮都市、是否需要安排大地活動或半日自助行程、參與員工旅遊的年齡層等，並在旅遊前，將特殊要求告知導遊，期能提供最完善的旅遊，及增加未來合作機會。

（三）接觸顧客 (approaching the prospect)

人員銷售比起非人員銷售（如：媒體、廣告、公共關係、機器販賣等）添了更多親切感，應盡量搏取顧客好感，使顧客印象深刻的儀容、談吐與舉止。

（四）銷售報告 (sales presentation)

人員銷售的核心階段為「銷售報告」。在介紹產品（某一服務）的過程，可利用AIDA模式，意謂，A：attention，先吸引顧客的注意力；其次I：interest，引起顧客的興趣；D：desire，觸動顧客的渴望；最後A：action，使顧客有購買的動作，促使交易成交。

報告的方式可採用「解決問題銷售法」(problem solution selling)，即以顧客提出的問題給予解決方案，或提供過去服務其他顧客的案例與常見問題，讓顧客有不同層面的思考，其目的仍是將潛在顧客變為顧客、維持顧客關係。

（五）處理抗拒 (handling objection)

當然，服務業裡的顧客不會永遠都是乖乖接受服務人員的指令，也不一定每位顧客都適用同一種服務方式。因此，此階段最重要的關鍵在於銷售人員必須仔細的「傾聽」並以積極成熟的態度化解銷售障礙，和氣收場或另尋突破。若處理抗拒得宜，該顧客很可能成為老顧客，並口耳相傳此良好印象。

（六）促成交易 (closing the sale)

以消費者角度觀之，成交訊號的顯示包括：

1. 對銷售人員所強調的產品性能與利益，以點頭示意。

2. 詢問有關融資或付款條件。

3. 詢問運送日期。

4. 詢問售後服務。

5. 作正面的建議。

以銷售人員角度觀之，達成交易的技巧包括：

1. 潛在顧客希望的運送日期。

2. 縮小選擇範圍。

3. 提供特別誘因。

4. 立即要求購買。

5. 再次提起協議條件。

（七）追蹤與服務 (following the sale)

追蹤如此重要是因為可以保持與顧客持續的溝通，並能適時處理顧客抱怨，以及交叉銷售。常見的追蹤內容有：服務是否準時且完整地送達？是否安裝妥善？檢查服務、產品、購買後之滿意度、性能等是否符合預期？使用服務過程是否存有需改進的建議？是否願推薦他人？

10-4 銷售推廣決策

一、銷售推廣的意義

銷售推廣(sales promotion)的意義是指在短期內，除了廣告、人員銷售及公共關係外，所有能刺激消費者的購買意願與激發銷售人員和中間商的推銷熱忱的「促銷活動與工具」。銷售推廣是短期性的銷售工具，而銷售推廣的對象可以是消費者、中間商、或公司銷售人員。如表10-4所示。

→ 表10-4 銷售推廣、人員銷售、廣告之比較表

比較項目	銷售推廣	人員銷售	廣告
持續期間	短期的活動	長期的、持續的	比銷售推廣長
使用彈性	具彈性	人數及任務固定、彈性不大	彈性較銷售推廣差
是否提供附加價值	是	否	否
購買效果	立即	比銷售推廣低	比銷售推廣低

二、銷售推廣的對象及其目標

銷售推廣的工具眾多，可以依激勵對象來分類。依據不同的推廣對象，而有不同的目標，因此使用的工具也會不同。茲比較如表10-5所示。

→ 表10-5 銷售推廣對象的目標與使用工具之比較表

推廣的對象	銷售推廣的目標	銷售推廣常使用的工具
消費者	1. 一次大量採購 2. 熟悉產品改良 3. 收集名單 4. 建立忠誠度 5. 轉換品牌 6. 創造人潮 7. 吸引新產品試用	例如：免費樣品、贈品、特價品、折價券、購買點陳列、示範、競賽與抽獎活動、公益活動…等。

PART
3

→ 表10-5　銷售推廣對象的目標與使用工具之比較表（續）

推廣的對象	銷售推廣的目標	銷售推廣常使用的工具
中間商	1. 增加訂貨量 2. 努力銷售成熟期的產品 3. 給予更多上架空間 4. 淡季期間多進貨 5. 削減競爭對手之促銷活動的效果	例如：免費產品、贈品、購買折讓、津貼與獎金、銷售競賽、經銷商列名廣告…等。
公司銷售人員	1. 努力推銷新產品 2. 達成一定的業績水準 3. 開發新的銷售據點 4. 刺激淡季的銷售	例如：業務推廣、教育訓練…等。

三、銷售推廣的步驟

銷售推廣可分為六個主要步驟，每個步驟的定義與目的如圖10-3所示。

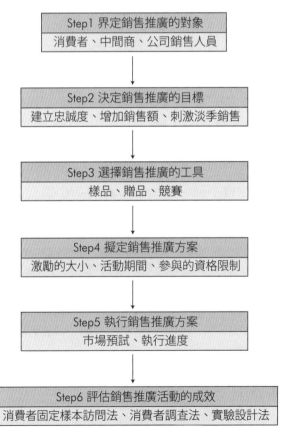

| Step1 界定銷售推廣的對象 |
| 消費者、中間商、公司銷售人員 |

| Step2 決定銷售推廣的目標 |
| 建立忠誠度、增加銷售額、刺激淡季銷售 |

| Step3 選擇銷售推廣的工具 |
| 樣品、贈品、競賽 |

| Step4 擬定銷售推廣方案 |
| 激勵的大小、活動期間、參與的資格限制 |

| Step5 執行銷售推廣方案 |
| 市場預試、執行進度 |

| Step6 評估銷售推廣活動的成效 |
| 消費者固定樣本訪問法、消費者調查法、實驗設計法 |

♥圖10-3、銷售推廣的步驟

10-5 公共關係決策

公共關係(public relation)係指藉由傳播媒體,以建立與維持公司(或組織)的良好形象與信譽,並闡釋公司的經營目標與宗旨。其重要性包括:產品銷售的多寡、員工士氣與文化之優劣、員工來源管道、公眾的信心與協助。

一、公共關係建立的工具

常見的公共關係工具有六類:

1. 出版品

泛指與企業相關之年報、通訊或宣傳小冊等,能將企業欲傳達之訊息印刷於刊物之出版品皆屬之。例如:中華電信出版的廠商通訊名錄、公會之月刊等。

2. 企業識別標誌

見到便利商店紅綠白顏色所組成的招牌,會優先想到統一超商,而藍綠白相間的顏色則會想到全家便利商店。看到HP字母,會優先想到惠普公司的電腦週邊商品。這類是企業識別標誌的例子,另包括:公司制服、車輛、名片、信封、贈品…等,是普遍運用企業識別標誌之處。

3. 主管與員工的對外活動:如:參與座談會、演講等。

4. 舉辦或贊助活動:統一純喫茶贊助保齡球賽、舒跑贊助路跑活動、安麗舉辦安麗盃撞球賽等,有助於增加曝光率。

5. 事件行銷(event marketing):統一超商參與飢餓30活動,或汽油品大打價格戰,有助於提升知名度。

6. 公共報導(publicity)

多著墨於新聞媒體關係之建立,如:新聞稿或專題活動。又可能是社區關係的建立,如:企業認養行道樹等,期能帶來正面評價。

二、公共報導與公共關係之比較

「公共報導」係屬公共關係的一部分,兩者的目的相同。不過,前者不論在溝通工具或溝通對象上,範圍皆較狹隘。兩者間之比較如表10-6所示。

➡ 表10-6　公共報導與公共關係之比較表

類別	溝通工具	溝通對象	
公共報導	新聞報導	一般大眾	
公共關係	1. 新聞媒體 2. 機構廣告與公眾直接接觸 　所有可以建立公共關係的 　工具	1. 一般大眾 2. 政府機構 3. 學術研究機構 4. 社區民眾	5. 公會／工會團體 6. 股東與員工 7. 金融機構經銷商與供應商

三、公共關係的決策

　　為透過公共關係建立與維持公司形象，可依圖10-4所列之步驟做為決策參據。

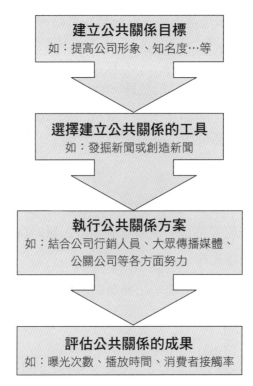

♥圖10-4、公共關係決策步驟圖

公共關係行銷案例

優秀公關行銷活動案例一：道富環球集團

在2017年的國際婦女節，道富環球集團(State Street Global Advisors)與麥肯紐約(McCann New York)合作，在華爾街設置了小女孩銅像和龐大雄壯的銅牛，小女孩雙手叉腰面對銅牛，以象徵女性領導力的精神。在傳統以男性為主導的金融街上，女性看似柔弱但暗含強大的力量。這個公關活動案例成功激發了民眾的共鳴。同時，集團跟自己合作中的3,500家企業發出呼籲，增加公司董事會的女性席位，突顯集團對女性地位的重視。

優秀公關行銷活動案例二：Nutella

以榛果醬而聞名的Nutella在2017年策劃了一個包裝設計的公關活動。公司利用色彩算法，設計出700萬款不同款式的包裝，該次公關活動策略還有一連串的電視廣告、線上影片，以及與消費者互動活動，成功在引起社會大眾關注，而這700萬款Nutella醬不到一個月就全部賣清，是成功的公關行銷活動案例。

須注意的公關行銷活動案例：紅十字會

雖然世界各地有各種成功的公關活動案例值得學習，但若果公關活動策略不當，反而可能引發「公關災難」。2017年，香港紅十字會因血庫存量短缺，在Facebook上發出貼文，文字為「如果四天後急需接受輸血治療的是身邊人，仍然與你無關嗎？」。結果紅十字會受到網民批評，指紅十字會以「恐嚇」的方式逼大眾捐血。因此在策劃公關行銷策略時，需要十分注意遣詞用句，避免引起誤會，否則會成為失敗的公關行銷案例。

資料來源：Business Digest Editorial，【商業智慧】公關很重要！細數成功公關活動行銷策略與案例，
　　　　2021.10.02。

問題與討論

1. 請舉例說明其他吸引不同顧客群的方法。
2. 請說說是否有類似紅十字會應該要注意的公關行銷案例。

MEMO

CHAPTER **11**

服務的實體呈現

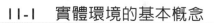

11-1　實體環境的基本概念

11-2　實體環境的影響層面

11-3　實體環境的考量因素和設計

SERVICE
MANAGEMENT

　　消費者在服務過程中，扮演著參與者的角色。而如何在實體環境中能夠引導顧客的行為，並且可以創造差異化的服務或是實體店面的獨特風格等。進一步的說法就是實體環境的設施會影響到消費者的感官行為，而這些實體環境設施除了可見的實體建築、設備以外，還包括了感覺、聲音、溫度、光線還有服務人員等，都有可能影響到顧客的下一步的消費行為。因為服務是看不見、聽不到、摸不著，也就是無形的，所以顧客在對服務的評估和消費者的滿意度評價會依賴於有形的實體呈現與服務設施。所以顧客在購買產品或是服務前，會從實體環境中來評估此組織的能力與品質(Shostack, 1977)。

　　舉例來說，星巴克咖啡(Starbucks)從一家小小的咖啡館躍為全球知名的咖啡連鎖店，重點在於星巴克大力推動轉型，創造出有個性的杯子，從店面設計到牆壁用色、商標、包裝紙、紙巾、咖啡杯、海報、外觀等實體設施的呈現，此例可以看到顧客把實體環境的呈現視為服務的一部分。因此，整體的服務像是實體環境與服務人員，如果是顧客感受到快樂的，心中愉悅，對於店家就會留下深刻的印象。而且也發現到實體環境的因素會使顧客最終的行為受到影響。所以如何分析顧客與服務環境的互動過程，了解顧客如何從實體環境中去評價服務，是服務管理中重要的議題。

11-1　實體環境的基本概念

　　服務一般是生產與消費同時進行，顧客通常在服務提供者的實體設施中體驗全程的服務。就像之前提到的，消費者在服務過程中是扮演著參與者的角色，很多服務管理者也將顧客當作共同生產者，甚至認為顧客是半個員工，因此顧客在服務中占了很大的重要性。而在服務過程中的服務互動，不僅包括了顧客與服務人員的互動，也包括顧客與設備設施的互動，而且就算是沒有人員的互動也有可能服務顧客。簡單的說，顧客與員工的連結，不只是無形的服務，還有執行服務、傳遞訊息、消費等實際的實體設施，而這種實體呈現的設施又被稱為服務設施(servicescape)。像是餐飲服務業的顧客，重點不只在於料理的材料新鮮度、烹飪技術、味道好壞等等，同時也會因為環境吵雜的影響或是溫度太冷、太熱，如果在這種條件下用餐的話，就算在美味的食材料裡，也會變的無法痛快的入口品嚐。雖然不代表每個顧客都會被環境所影響，但是周圍環境和顧客認知之間的關係，是不可被否認的。所以要了解服務的實體環境對顧客的影響，首先必須了實體環境是由哪些重要構面所組成的。

　　Kotler認為服務環境應該涵蓋視、聽、嗅、觸等四項知覺可以感知的相關環境因素：1.視覺知覺，如顏色、亮度、大小、形狀等；2.聽覺知覺，如音量、音調；3.嗅覺知覺，如氣味、新鮮度；4.觸覺知覺，如軟硬、平滑、溫度。所以對顧客而言，服務的消費利用，實際上就是對服務環境的一種體驗，服務的生產過程中，服務業者仍需要透過一些有形的實體設施來促成更佳的服務品質。所以服務的實體環境，像是裝潢、外部環境、設施、空間擺飾、聲音、整體色彩配置等，都會影響到顧客的對服務的整體感受。根據圖11-1的M-R理論來看的話，環境的刺激會影響到顧客的情緒狀態，而會表現發出趨近或逃避的行為。商店實體環境的吸引力在消費者心中的重要性，像是商品品質、設備功能、設施配置點等，對消費意有更高的相關性，也為服務的實體環境的影響力提出有力的證據。

♥圖11-1、M-R環境心理模型

資料來源：Mehrabian, A & James Russell (1974), *An Approach to Environmental Psychology*, Cambridge, MA: MIT Press.

　　而Donovan, Rossiter, Marcooley和Nesdale(1994)則以實證研究驗證M-R環境心理模型，以零售現場中的實際顧客為對象，調查顧客購買商品當時的情緒狀態，並非購買前或購買後，避免消費者在非購買當時的回想錯誤，結果有下列幾項發現：

1. 在愉悅的情緒下，顧客額外停留時間及金錢花費實際增加比例為9~11%。

2. 情緒變數對額外停留時間的影響較大，是否會有計畫外的金錢花費則需考慮消費者對產品的認知。

　　就以現今的醫療服務過程來說，醫師除了看診、口頭詢問病情、或是以手觸診之外，也需要藉由一些醫療設備來輔助檢驗，像是血壓計、體重機、X光檢驗、核子共振、斷層掃描等，或是配套人員的協助，才能讓病患或是家屬有個滿意的醫療服務。所以現在連醫院都會注重於環境服務對於病患的感受，所以看到醫院會有明亮的空間設計和順暢的動線規劃等，也許只是在醫院裡播放輕柔的音樂舒緩病患的焦慮感，或是在小兒科的牆壁上塗上可愛的塗鴉，這些都突顯著服務是需要融合很多種服務的成分，就像是醫院需要融合醫師的專業能力和有形的醫療設施、無形的貼心服務，才會構成一個良好的服務的實體環境。

11-2 實體環境的影響層面

　　服務組織經常利用實體環境構面（如音樂、裝潢等），來吸引顧客上門。事實上，當顧客進門之後，更有賴於優質服務環境的導引，才能幫助顧客開心的完成服務流程，經歷一個滿意的服務經驗。從策略的觀點來看，服務設施所扮演的角色及功能是非常重要的，但是真的實際去擬定設施的決策時，就需要企業了解設施會發生怎樣的服務行為或後續的問題。

　　由於消費者的行為與實體環境和服務設施的關係是一種刺激的行為，會影響到顧客與員工的關係。從消費者行為理論來看，S-O-R理論中，其中S(Stimulus)代表導致消費者反應的刺激、O(Organism)則表示有機體或反應的主體、R(Response)表示刺激所導致的反應，圖11-2說明當消費者在購買情境上接受到外界刺激（產品或服務或環境）時，消費者有可能產生購買反應。也就是說消費者在各種因素的刺激下會產生購買動機，而在有購買動機的情況下，做出購買商品的決策，實施購買行為，購後還會對購買的商品及其相關管道對服務業者做出評價，這樣就完成了一次完整的購買決策過程。在這服務購買過程中，發現到服務的實體環境和設施，對購買行為有所影響。例如：從踏進書店開始，會因為產品的海報宣傳、服務態度、書店的閱讀人潮和讀書風氣等，都會影響到消費者購買產品的意願，進而對服務業者做出評價。

♥圖11-2、S-O-R刺激－反應模式

資料來源：Reynolds & Wells (1974), *Lifestyle and Psychographics*.

　　而在消費者反應的部分，消費者反應變數，可由以下兩個方面去分析，一般性與特殊性。圖11-3看到其一為消費者對環境情勢選擇的反應，包含產品集群的選擇、對產品的選擇、對品牌選擇；另一為消費者反應的種類，分別為資訊處理、購買、溝通與消費等四種反應。例如：在網路購物平臺上，購買商品行為是屬於無店鋪購物，產品透過網路虛擬環境來呈現，消費者無法實際觸摸產品與確認其品質，因而對網路購物會產生較高的知覺風險。

一般性 ————————————————————————→ 特殊性

♥圖11-3、消費者特性

資料來源：Reynolds & Wells(1974), *Lifestyle and Psychographics*, p.34.

　　而Donovan和Rossiter以零售店的消費者為對象所進行的研究發現，消費者對環境的知覺會影響其趨近行為，如採購時的心情、再度光顧的意願、消費的金額、停留的時間等等；Milliman的研究則顯示背景音樂的速度會影響超市和飯店的顧客流量和消費金額。換句話說，服務的實體環境不僅可以吸引顧客上門，還有可能讓顧客失去再購買意願。

　　每個顧客到任何的服務組織都有目的，實體環境就像水一樣可以載舟，也可以覆舟。就以圖書館為例，每位讀者到圖書館來都有其特定的目的，圖書館的服務設施可以幫助讀者達成目的，也可能阻礙讀者無法達成目的。試著想想，當讀者踏進圖書館的大門後，接下來可能：1.迷惑地杵在門口，因為他找不到平面圖或指引指示，所以他不知道怎麼到他想去的地方，2.眉頭緊縮，因為人多吵雜或是書多擁擠，讓他定不下心或是無法舒服地瀏覽。如果是遭遇到上述情境，讀者就有可能無法達成這趟圖書館之旅的任務，至少是無法愉快地完成。所以，服務的實體環境會直接妨礙讀者完成其目的。同樣地，實體環境也會妨礙圖書館員執行工作的能力，使其無法達成工作責任。

　　實體環境不僅會影響顧客和員工個人的行為，更會影響顧客與員工互動的方式和品質，尤其是具有高度互動特性的服務。同樣的，圖書館的流通服務臺或參考諮詢臺就是一個很好的例子，高櫃臺式的設計或許可以滿足館員的工作需求，但是卻也可能傳達難以接近的嚴肅氣氛，可能打消讀者想與圖書館員溝通的念頭。像是讀者服務空間的規劃設計，除了考慮讀者動線外，更應考慮各空間的服務特性與服務設施所扮演的角色。例如，自助式服務只要將焦點放在讀者行為，了解讀者如何進入該服務的空間，以及服務環境；至於互動式的服務，則要同時考慮服務環境對讀者、對館員、以及對讀者與館員互動的影響。

　　因此對於任何的服務業者，都須將服務的實體環境與服務設施加以發揮，試圖去營造更流暢、溫暖、舒適、愉悅及富有親和力的環境空間，使員工能以更快樂的心情去面對顧客，也能為消費者創造出一種「難忘的美好服務經驗」，藉而提升企業在顧客心中的形象和滿意度，達成企業內部與外部的績效目標。

11-3 實體環境的考量因素和設計

會影響到顧客的行為反應主要的環境因素構面有很多，都會間接或直接影響到員工與顧客之間的關係，而之間的關係因素又有哪些呢！其實包括了很多，像是光線舒適感、音樂柔和度、色彩對比、招牌樣式、結構模式、材料品質、布置風格、牆壁裝飾等。能增加顧客的忠誠度和服務人員的行為的實體環境的組合由下列三個組合：

一、潛在環境

指能夠影響潛意識的背景情境，例如空調、溫度、照明、聲音、氣味、乾淨等，都是可以影響顧客行為，願意停留或者再度光臨利用的環境因素。潛在因素是穩定的環境特質，顧客通常不會立即察覺到或意識到。雖然我們通常還未察覺潛在環境的存在，但是潛在環境卻對我們的心情、工作表現，甚至生理健康都有深遠的影響。舉例來說，書店提供一定水準的潛在環境，如果書店無法提供這些潛在環境，或讓顧客處於不愉快的狀態時，才會引起顧客的注意。例如當顧客察覺到書店的燈光不夠明亮後，會減少到書店的次數。許多服務業者運用潛在環境因素中的背景音樂或是照明設備等，來吸引顧客上門和刺激消費，如優美的背景音樂讓顧客感覺花在排隊結帳和選購的時間沒那麼久，而服務員工也會有愉悅的心情來服務顧客。像是微風廣場不惜任何資金，鉅資打造夢幻仙履館豪華廁所，不但在洗手臺區設有大型梳妝鏡、沙發，奢華的水晶燈與大理石地板裝潢更添華麗高級的感覺，廁所不但乾淨無瑕且有股淡淡的典雅。此外設有液晶電視牆播放時尚秀的訊息，讓消費者在洗手化妝可以邊欣賞，還能以愉悅的心情掌握流行脈動，這種貼心為消費者的行為讓顧客在逛百貨公司也是一種享受，也願意多花一點時間在這購買東西或享受服務。

二、服務實體環境的空間配置與功能性

服務環境的存在通常是為了實現顧客的特定目的或需求，實體環境的空間配置和功能性，就顯得異常的重要。空間配置是指機器、設備和家具的配置、規格和型式、及其空間關係，功能性則是指機器、設備和家具能夠幫助顧客和員工執行任務和達成目的的能力。服務環境的空間配置和功能性，對於必須獨立執行任務的自助式服務，尤其重要，因為顧客無法倚賴服務人員的協助來完成其任務。例如圖書館的公用目錄、複印設備、陳列圖書和期刊的設備等的機能性，都是讀者成功地、滿意地利用圖

書館的關鍵。或是百貨公司在公司各樓層設有咖啡座，就是為了讓顧客逛累之後有個地方能休息，這樣也能讓顧客越逛越久，也有機會刺激消費意願。

三、服務環境的招牌告示或標誌

指對顧客較為明顯在實體環境中的視覺感官，例如內外部的建築、色彩、材質、配置和標示等，是存在於知覺最前端的刺激。其實顧客對服務組織的認知，很多時候是得自於實體環境中的各項顯性或隱性的表徵。建築物內外的標示是顯性的溝通體，可以用來標示組織或部門的名稱，也可以用來導引方向，更可以用來傳達行為規範（如禁止吸菸）。其他符號和裝飾品的溝通性則較標示為低，僅能提供顧客隱性的線索，主要用來傳達行為規範和對行為的期望。然標示、符號和裝飾品，對塑造顧客的第一印象和傳達服務理念，確實扮演關鍵性的角色。而企業也會利用其他的環境符號或是代表性造型來宣傳，例如：麥當勞叔叔、肯德基爺爺、7-11的OPEN將、迪士尼的米老鼠等等，創造出各行業溝通的代表性造型。所以招牌告示或是造型物都能重新定位及差異化，為企業帶來專屬的形象。

相對地，實體環境在不同的服務組織所扮演的角色也不盡相同，所以在規劃和設計服務的實體環境時，所考慮或設計的方案也是不同的。而在設計的計畫中，是否能考慮到顧客、員工，還有彼此之間的互動關係，也是企業所想要達到的目標。例如：自動櫃員機的明亮環境和安全措施會助於顧客的使用心情和安全性，另一方面，員工的作業效率也能加快，達成雙贏的局面，就是實體環境設計的首要目標。因此Zeithaml及Bitner(1996)也提出實體證據，就是服務藉以傳送顧客與公司直接互動的環境，再加上其他在此環境下，能促進服務與顧客間溝通、能具體表現公司服務的有形部分，則稱為服務實景(servicescape)。整理如表11-1所示。

由上述知，服務組織應該認知到服務環境的重要性，仔細的解析現存的實體環境，找到需改善的目標及可能的機會，擬訂出更適宜的服務實體環境的管理策略，以協助服務組織達成內外部的績效目標，營造出優良的顧客認知品質和品牌形象。

PART
3

→ 表11-1　Zeithaml及Binter的實體證據組成要素

服務實景(servicescapes)	其他有形要素
外部設施 1. 外部設計 2. 符號標示 3. 停車場 4. 地表景觀 5. 周遭環境	企業名片 1. 專屬文具 2. 宣傳海報 3. 相關報導 4. 員工穿著 5. 公司制服 6. 公司手冊
內部設施 1. 內部設計 2. 機器設備 3. 符號標示 4. 室內陳設 5. 空氣品質／溫度	

插座多到算不完、還開健身房！路易莎「最壯董座」談留客祕訣

路易莎創辦人黃銘賢自詡為「最壯董事長」，真不是蓋的。自創的健身房品牌「Self Room」開箱記者會當天，他脫去上衣、拉了近十下單槓，大秀結實的背部及手臂肌肉。

「咖啡是我的生命，健身是我的情人。」談起健身，黃銘賢眼神和語調都不一樣了。過去四年，他每天花至少一個半小時健身，體重從99公斤減到現在70多公斤。但在健身過程中，他看盡坊間健身房的缺點：強迫推銷課程、不能帶私人教練上課，空間又充滿汗臭和器材塑膠味。

跳脫傳統型態，首創咖啡健身複合店

「我想把在健身房遇到的問題一次解決。」黃銘賢耗資2,000萬，將松山蔦屋書店原址改建成他理想中的健身房，房東潤泰新董事長簡滄圳更是第一個學員。占地500坪、木質天花板和地板，加上明亮落地窗，連空氣都特別做味道處理，瀰漫清香。教練不賣課程，歡迎會員帶私人教練上課。

不僅如此，黃銘賢習慣健身前喝咖啡幫助燃脂，運動後要補充高蛋白和能量。所以他將路易莎和Self Room結合為複合門市，賣能量果麥棒、生酮乳酪捲、高蛋白飲品等。

咖啡店結合健身房，在臺灣前所未聞。「時代在變，所有定律都會在一夕間被推翻。」這是黃銘賢閱讀英特爾傳奇CEO葛洛夫(Andy Grove)所寫《十倍速時代》的心得。路易莎能從眾多咖啡店脫穎而出，發展成和星巴克相提並論的國民品牌，關鍵正是不斷改變、跟上消費者需求。

就像十五年前，具烘豆師資格的黃銘賢以滿腔熱情創立路易莎，在民生東路巷弄內租了5坪空間作外帶店，推廣一杯平價好咖啡。如今，路易莎以提供大量座位和插座聞名，歡迎學生讀書和商務人士辦公，還被戲稱為「能飲食的圖書館」。

從一個單純咖啡職人，轉變成全方位的服務提供者，讓路易莎得以快速擴張，目前以530間分店數量超越星巴克，去年更成功興櫃。究竟路易莎是如何一步步攻占臺灣人的生活？

咖啡好還不夠，必須和顧客分享空間

近期有顧客向路易莎投訴，認為其他客人聊天太吵影響到他讀書。把路易莎當圖書館和K書中心的行徑，引起網友熱烈討論。

令人哭笑不得的客訴，是路易莎融入常民生活的最佳寫照。「這個時代，一定要有和顧客共享的思維。」黃銘賢不介意路易莎和K書中心畫上等號，以咖啡為核心延伸各式生活場景，滿足顧客需求，正是他追求的目標。

這樣的領悟是經過不斷修正嘗試，萃取而來。

和星巴克、怡客和丹堤不同，路易莎是小坪數外帶店起家，開店頭五年不只沒內用區，甚至連冷氣都沒裝。每到夏天高溫難耐，員工和顧客都滿頭大汗，黃銘賢這才找了15坪左右的店面設置內用區，讓員工顧客都能吹到冷氣，結果業績馬上就翻倍。

黃銘賢恍然大悟，原來咖啡好還不夠，舒適用餐環境同樣重要。「只要跟客人分享空間，業績就越來越好。單店月營收來到80萬無法再突破，就找50坪大的門市，馬上就做到140萬。」為了提供顧客更多餐點選擇，他還投資中央廚房生產輕食和甜點，如今咖啡營收占比只剩3成，飲料食物多達7成。

路易莎最為人稱道的免費插座，則是黃銘賢一場實驗的成果。四年多前，路易莎輔大門市因為距離輔大校門口走路要5分鐘，生意不好。黃銘賢看著學生都去對面五十嵐買珍奶，沒人要喝咖啡，於是靈機一動，將幾張大桌子擺滿檯燈跟插座，歡迎學生來讀書，結果馬上就客滿，連住附近的老爺爺都戴著老花眼鏡來滑平板。

「原來插座對學生的魅力這麼大。」黃銘賢感到驚訝，有了輔大門市的經驗，插座從此納入內用區的標配。加上不限用餐時間，還提供免費Wi-Fi和開水，路易莎很快成為學生讀書上家教、商務人士談生意好去處。

「不怕你坐！」靠插座突圍，桌椅也講究

無償提供的資源也是成本，但黃銘賢不擔心。他分析，路易莎目前外送和內用營收占比約4:6，獲利主要來源是外送，「我把內用當作一種服務，只是加分題。光一張外送訂單，就是一個人坐整天消費的好幾倍，所以我真的不怕你坐，沒在計較水電費。」他說得霸氣。

他打開手機Line群組，隨手找出一張新門市的設計圖，在邊桌和大長桌的圖示上，密集的藍色標記就是插座，「插座數量真的多到我都算不完。」

路易莎的桌椅其實也藏有大學問。例如，大長桌的寬度要在110~120公分之間，面對面坐下時才不會產生壓迫感，如果寬度不足也會利用檯燈等擺飾來遮蔽。

而過去門市多配置鐵製椅子，「很硬，而且我很怕冷，冬天坐下去不舒服。」黃銘賢因此將鐵椅全面換成有椅墊的塑膠椅和木椅，提升舒適度，就連門市播放的音樂，也特別和金革唱片合作。

在高單價的星巴克及講求便利的超商咖啡當中，路易莎以平價與舒適環境殺出重圍，吸引大量年輕人，20~45歲的客群就占了7成，「穿得漂亮整齊來看書辦公，就是我想要的客人樣貌。」黃銘賢環顧門市內顧客，道出真心話。

從學生時代養客群，進攻老社區抓基本盤

國內前三大咖啡器材供應商百懋國際業務經理曾文仕觀察，咖啡店業者大多專注在飲品的呈現，「但黃總（黃銘賢）對消費者需求、門市選點和客群，研究很仔細。」

曾文仕回憶，有次和黃銘賢到泰國出差，吃完早餐7點多，黃銘賢就拖著他到附近捷運站出口站崗2小時，按計數器算人流，觀察行人手提什麼早餐。如今路易莎在泰國開出4間分店。

路易莎走平價路線，房租也需精打細算，黃銘賢選點有套策略。捷運站出口附近人潮擁擠處，店租昂貴，就開15~20坪的小型外帶店；商圈附近走路5~10分鐘處，租金較便宜，他就規劃大型街邊店，提供座位並接外送訂單。

最近更積極進駐臺大、清大、東吳等大學校園，除了有較優惠的租金，還能先把市場養起來，「學生時期喝習慣路易莎，出社會就會繼續喝。」黃銘賢說。

發展成熟的老社區也是路易莎進攻的新戰場。路易莎總經理室總顧問趙愛卿分析，老社區擁有強大的基本盤支撐，「有在地顧客幾乎天天報到。」

進駐老社區改造舊宅，也打造出許多特色門市，例如萬華東園門市舊址是開業60年的英吉利鐘錶眼鏡行，四層樓建築採現代輕歐風設計，牆外還掛上巨大的路易莎女神像，在老舊街區中格外亮眼；緊鄰著小吃攤的建成圓環門市，則是三層樓圓弧形的淺綠老建築。

目前路易莎有超過20間特色門市，黃銘賢特別找來參與電影《刺客聶隱娘》美術工作的設計師吳信意，協助門市規劃與眾不同的特色。

黃銘賢的腳步沒有放慢，持續尋找新的商業模式，下一步要做企業客戶生意，推商用咖啡豆訂閱制度，讓顧客在公司也喝得到路易莎。他坦言興櫃之後壓力很大，股東從他一人變成無數人，但卻樂在其中，「經營路易莎就跟健身一樣，過程內容很痛苦，但心境很快樂。」

資料來源：責任編輯黃韵庭，楊孟軒，天下Web only，天下雜誌，〈顧客關係管理與實務〉，2022年。

問題 與 討論

1. 路易莎是如何掌握要點,塑造出舒適的環境?

2. 路易莎與星巴克、怡客等這些競爭對手,在實體環境的經營設計上有何不同之處?請做出比較。

服務業管理的
重要課題

Chapter 12 ｜ 服務傳送的系統管理

Chapter 13 ｜ 顧客關係管理

Chapter 14 ｜ 服務疏失管理

Chapter 15 ｜ 服務業創新

Service
Management

CHAPTER

12

服務傳送的
系統管理

12-1 產品製造與服務製造之不同

12-2 服務傳送的運作原則

12-3 服務傳送結構

12-4 服務傳送系統規劃

12-5 自助服務的運作

SERVICE

MANAGEMENT

12-1　產品製造與服務製造之不同

傳統製造業與現代服務業最主要的差異在於，有形產品和無形服務這兩種不同程度上的分別，主要可分為以下三個部分來進行說明：

（一）大量生產 (mass production)

實體產品就像：麵包、衣服、化妝品和汽車等，都可以大量生產。例如：康師傅2008年在大陸的速食麵生產工廠總共有將近一百條的生產線，每天生產量可達兩千多萬包，而臺灣一年有將近10億包速食麵的消費市場，康師傅只要花四十天產能量即可滿足臺灣民眾一年所需的食用量。上面的例子主要是說明實體的產品只要有足夠的生產線，是可以相當大量的生產去滿足市場的需求，而無形的服務卻無法利用生產線的方式大量進行產品製作。

（二）規模經濟 (economy of scale)

擴大產量所帶來的好處，係指對企業經營成本而言，是學習成效的執行與規模經濟的實施。規模經濟可以使單位生產成本大幅降低，學習成效最重要是在於負責生產的員工對生產過程熟悉後，將可提升產品的良率，同時也降低了瑕疵品的數量，且由於對於過程的熟稔，生產的速度也將變得迅速。經由大規模生產後，不僅可以大量降低平均固定成本，也有助於降低平均單位成本。

由於大量生產無法用於服務業上，相對也就無法達到規模經濟的效益，如果硬要服務人員擴大產能，面對超出他所能承受的顧客量，有時反而會造成負面的效果，導致服務品質的降低。

（三）一致品質 (consistent quality)

傳統的製造業在大量產出時，可以利用品質檢測的儀器進行檢驗，可檢驗出製作不良的產品，可立即從生產線上剔除該產品。

由於服務是現場製作，顧客是同時間參予其中，在服務人員提供服務的同時也購買了服務，因此「不良的服務產品」並無法事先被去除，無形的服務在品質上的認定，取決於被服務顧客的主觀意識。所以，想要達到一致的服務品質是相對困難的。

12-2　服務傳送的運作原則

　　圖12-1是將傳統製造業的製造流程概念融入服務業之中並且加以改善，使其符合整體服務傳遞系統的運作。以下就服務傳送系統之運作流程中的四個主要過程，分別說明如下。

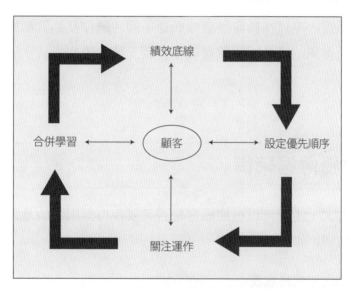

♥ 圖12-1、服務傳送系統之運作

資料來源：J.E.G. Bateson and K.D. Hoffman, *Managing Services Marketing: Text and Readings*, New York: The Dryden Press, 1999, p.121.

（一）績效底線 (baselining performance)

　　在企業經營中，將成本達到最小化固然重要，但所表現出來的績效及顧客滿意的服務品質才是關鍵。如何讓服務組織在成本和績效之間達到最適的組合，就是所謂的績效底線，也是服務管理人員必須審慎思考重點。

（二）設定優先順序 (setting priorities)

　　服務傳送系統考量的項目，包含了成本／價格、彈性的高低、信任的程度、顧客接觸的程度、顧客參與的意願、員工授權的程度等問題，因此，於設定績效底線後，在每個細項上的先後順序，則須由決策者謹慎進行評估。

（三）關注運作 (focusing operations)

當整個服務規劃傳送系統完成後，便可以開始進行正式運作，而在系統運行期間如何使系統能夠正常運作且產生預期之服務品質水準，便是管理者所應該關注且密切注意的部分。

（四）合併學習 (incorporating learning)

企業的服務品質，不只在於傳送績效底線、關注運作及品質稽核的設定，最主要是能藉由運作中所得到的成功或失敗經驗，學習正確的運作方式，才能長期保有競爭優勢。

12-3　服務傳送結構

傳送服務的方式，主要可以根據顧客是否須要親自至服務的地點，以及服務組織的據點多寡進行區別，如表12-1所示。

→ 表12-1　服務傳送方式概念表

顧客與企業之間的互動	服務據點	
	單一據點	多重據點
顧客至服務地點	養身館、電影院	便利商店、火車服務
服務人員至顧客處	安裝冷氣、室內裝潢	郵件傳送、道路救援服務
遠距服務	信用卡公司、第四臺業者	遠距教學、廣播電臺

一、顧客與企業之間的互動

（一）顧客至服務地點

1. 服務傳送方式在店內運作而傳送

占服務業最多數的即為此類，顧客必須親自前往提供服務的地點。不管是接受服務傳遞、辦理申請或終止服務交易皆須到此地點，因此，在此服務傳送系統的傳送與運作過程中，這些服務企業必須將外在影響因素降至最低（如：交通便利性、天氣狀況等）。

2. 地點選擇的重要性

當服務傳送方式是在服務經營場所運作的時候，在地點上的選擇便顯得相當重要。如：店面附近的交通流量、人潮、店面之設計是否具有吸引路人注意的特色等因素。

（二）服務人員至顧客處

1. 服務傳送系統進行遠距離的延伸

服務人員到顧客所在的地點提供服務，是要將服務傳送系統進行遠距離延伸。例如：家喻戶曉的日本空調公司大金，由於顧客的需求是有特定性的地點，因此，服務業者必須攜帶器具和員工到顧客所處的地方提供消費者所需要的服務。

2. 傳送過程中，顧客所需支付成本增加

由於服務業者攜帶設備到顧客所在的位置，因此，在時間及金錢方面都會比顧客親自至服務地點還要高，但這種到府服務的方式已逐漸大眾化。

（三）遠距服務

1. 透過電話、網路等進行服務之傳送

與服務組織進行遠距交易，這代表著顧客未見過服務設備，而且還未與服務組織有過面對面之接觸，所以在面對面的服務接觸之次數通常不多，而與服務組織的接觸可能是藉由電話方式進行，或藉由更遠距的方式，如：郵件、傳真或電子郵件等。

2. 顧客不會看到任何服務製作過程，而是直接享受最末端之服務

服務流程大部分是無形的，但對顧客來說，服務活動的結果仍然是非常重要的。如：繳費單、賣場的活動促銷及通知車主汽車定期保養等，都可利用電信通訊或信件來進行服務的傳遞。

3. 服務傳送系統隨著時代進步而有更方便的服務方式

非大型設備的維修服務，有些會要求顧客親自將產品送至維修廠或是以寄送的方式進行維修，再以郵寄方式將維修好產品寄回給顧客。現今大部分提供服務的業者在快遞公司的協助下，發展出令顧客留下深刻印象的整合式方案，如：至顧客所在位置拿取故障的手機，產品維修好時再運送回給顧客。

PART

4

二、服務傳送方式

決定在什麼地方、什麼時間以及該怎麼傳遞服務，對顧客服務經驗的本質影響很大，因為這些決策能決定所接觸的服務業者類型、價格和得到服務所需要另外再花費的成本。

服務傳遞策略不是只由單一因素所構成，在進行某項服務時顧客是否必須接觸服務組織、服務設施、環境設備？答案若是肯定的，顧客則需要親自至服務的地點接受公司人員的服務，反之服務組織會將服務人員與設備送至顧客處位置？或是能否利用實體的通路傳送或電信通訊，讓服務組織與顧客之間完成達成遠距交易？其中核心的關鍵在於公司的定位策略與服務的本質。

三、其他考量構面

1. 複雜性(complexity)

意指在服務傳送系統中的步驟或順序間的複雜程度，而服務傳送的複雜程度也將會影響到顧客所需付出的成本。就像是在日本料理餐廳點了一道香烤鰻魚的餐點，首先要先烤熟，接著用獨家醬料蒸煮後，再用手把刺慢慢的拔出來，非常費時費工；而早餐店的吐司夾蛋，只要把蛋煎好用土司夾起來即可，步驟減少許多。

2. 變化性(divergence)

意指傳送步驟所允許之差異性，亦即服務人員在面對不同顧客時，提供「客製化之自由和判斷程度」。通常專業性高的服務業者，如：美容師、醫師、企業諮詢顧問等，由於各顧客的情況及需求都不相同，因此變化性也比較高。

12-4 服務傳送系統規劃

一、服務傳送系統過程規劃

服務流程的再造可以活化一些老舊的程序，並不是這些老舊程序設計錯誤，而是因為科技的進步、顧客的需求、服務項目的增加和新訴求的出現等，這些都不斷的在改變，因此讓原本所使用的流程出現漏洞或難以實施。

在此部分可以藉由檢視現有的服務傳送規劃藍圖來找出改善的方法，如：服務傳送系統重新組合、增加或刪除某部分或是將服務重新定位來吸引其他顧客群。服務流程的再造，包括：改組、改編以及找出能替代現有程序的方案，這些改變可分為以下幾種類型：

（一）將不必要之程序刪除

把目標著重在對顧客有利的服務時，可以將許多不必要的前後場服務程序進行刪減，使顧客可以更加快速獲得所需要的服務內容。例如：租車的顧客並不想花時間填寫表格或等待工作人員檢查車輛狀況等，因此，我們可以將其過程簡化，在顧客來電預定租車的同時，即可將這些程序完成，讓消費者在到達取車地點時馬上能將所租購的車輛開走使用。

（二）轉換為自助式服務

服務重新設計增加自助的服務方式，大部分都可有效提升生產力，並且降低多餘的人力成本。例如：中國石油公司推出的自助式加油站，以減低加油站所需要派駐的人力成本。

（三）直接傳遞服務給顧客

意指顧客不需要進入服務據點就能享受服務，是直接把服務傳遞給顧客。這樣一來，顧客不僅更方便，也不用因為需要提升生產力而必須將服務地點設立在交通便利但租金卻相當高的地段。

（四）套裝式服務

套裝式的服務(bundling service)意指因為某些特定顧客群而將多種服務組合在一起，成為一個套裝式的服務。將服務套裝化不僅有助於服務組織提高生產力，也讓顧客享受到更多的優待，並能滿足目標顧客群的需求。例如：現在的飯店業者經常與旅行社進行結合推出套裝式旅程，僅需支付一次的費用即可享受到住宿、餐飲、觀光等多樣化的服務。

（五）提供服務周遭環境的重新塑造

將改變著重在改進服務程序中之有形設備，藉此提高顧客的感受程度。如此的改變，大部分能提高前場服務人員的效率及滿意度。現在有許多經營十幾年小吃店為了吸引更多的顧客，將從它們傳統髒亂的環境重新粉刷整理，便是這個道理。

二、服務藍圖(blueprinting)

　　一般在擴展新的服務以及改善目前的服務，最主要的困難點在於，沒有能力進行新概念發展、新商品開發、及市場測試等。而在將服務項目及顧客期望相互結合發展出新的服務或產品的過程裡，關鍵的因素在於，是否有能力客觀的述說關鍵服務程序的特點，並把它們描繪出來，形成一種可見的服務藍圖以便讓員工、顧客、以及經營者也了解整個服務程序中所包括的所有步驟及流程。

　　所謂的服務藍圖，係將服務運作過程以容易理解的圖表方式顯示。如圖12-2所示，先將細部空間及需注意的事項詳細的繪於設計圖上，在繪製服務藍圖前，須先思考清楚服務傳送步驟、執行程度、顧客和企業接觸本質、服務顧客特點、發生突發狀況的腹案準備等。經過深思熟慮後，才能方便進行顧客和員工之間的互動，且對於前後場每項服務活動的規劃也都應該清楚明瞭。

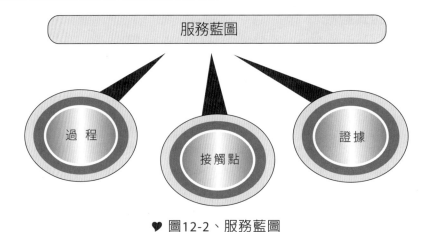

♥ 圖12-2、服務藍圖

　　繪製藍圖時，主要應呈現以下九點概念(Lovelock and Wirtz, 2004)：

1. 定義每個前場活動標準。

2. 前場活動之實體和其他服務證據的呈現。

3. 主要顧客行動。

4. 互動線。

5. 顧客接觸服務人員的前場行為。

6. 視覺線。

7. 顧客接觸服務人員的後場行動。

8. 其他服務人員之支援程序。

9. 資訊科技之支援程序。

12-5　自助服務的運作

　　在科技與資訊越來越進步的時代，服務也越來越朝向自助式與自動化，顧客進行自助式服務的同時，有三個主要的架構可以進行探討。分別為顧客參與構面、自助服務科技、服務的行為與設備分類，分別詳述如下。

一、顧客參與構面(customer participation)

　　所指的是服務傳送過程中，顧客投入企業傳送服務的資源和行為。可分為以下四種參與方式：

1. **資訊投入**：顧客以提供資訊的方式，參與服務傳送。

2. **心理投入**：消費者精神層面之投入。

3. **體力投入**：消費者以身體上之勞力付出，參與服務傳送。

4. **情緒投入**：服務傳送時，顧客之情緒變化。

二、自助服務科技

　　因為服務傳遞的過程中，顧客會有相當程度的投入，若能提高顧客自動參與的意願，便可相當程度降低企業服務人員之投入、減少經營成本。因此，大部分服務組織引進自助服務科技(self-service technology)的概念，運用機器與科技替代人員服務的概念，套用在服務提供的實務運作上。例如：自動販賣機、投幣式的卡拉OK、銀行ATM…等等皆是由此概念衍生而得。

　　自助服務科技不僅運用在資訊提供，在組織的核心服務上也有多方面的嘗試，譬如運用網路，讓顧客自己操作，進而完成服務。例如：在現今網路時代裡，自助科技包括：網路查詢資料、網路線上英文教學、上網訂購車票…等。網路科技雖然迅速且多元化，但在使用方面上，應盡可能的人性化及友善化，才會提高消費者的接受度且大眾化。此外，自助服務科技提供的便利性可以包含：時間便利、地點便利、獲得便利、財務便利等。

　　在使用自助服務科技時，應該注意的事項有以下幾點：

1. **消費者的接受程度**：是否能夠接受由機器提供服務之新方式？

2. **操作的簡易性**：在使用上是否簡單易懂、操作方便？

3. **設置的普遍性**：是否有區域之限制？

4. **使用的時間限制**：機器在使用上是否會浪費消費者過多時間？

5. **故障的排除速度**：發生故障及損壞時，服務組織是否能快速維修，恢復正常？

6. **失誤的補救程序**：在發生錯誤時，服務組織是否能即時解決問題？

7. **顧客的滿意度**：機器提供的服務方式是否有高於過去以人員為主之滿意度？

8. **績效的改善程度**：使用自助服務科技後，服務組織的服務對象、交易數量、交易金額等方面，是否優於人員服務？

三、服務的行為與設備分類

Fodness、Pitegoff與Sautter(1993)三位學者探討服務業者提供顧客的服務主要可以根據，行為與設備兩個構面予以區分。如圖12-3所示，依據行為之簡單或複雜（得到服務的困難程度）以及設備之一般或獨特，可分為四種類型。例如：醫院需要專業的醫療人員、足夠的醫療設備；而洗衣、美容、計程車服務業者，所屬一般設備和簡單行為之服務。所以，如果從顧客可以進行自助服務的觀點來看，於第二象限之一般設備與簡單行為是顧客最容易進行自助服務的行業，如自助洗衣店的風行等。

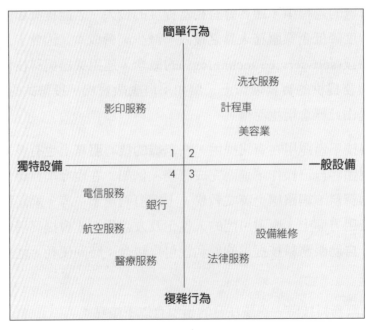

♥ 圖12-3、行為／設備之服務分類

資料來源：D. Fodness, B. E. Pitegoff, and E. T. Sautter(1993), 'From Customer to Competitor: Consumer Cooption in the Service Sector', *Journal of Service Marketing*, Vol.7, No.3, p.20.

疫情加快寶雅數位轉型！POYA BUY電商上線，但為何要與旗下寶家分頭進攻？

受到疫情影響，多數消費者減少外出購物需求，對於美妝連鎖生活通路寶雅的門市人流也受到不少影響，原本預計第三季上線的電商平臺「POYA BUY寶雅線上買」，將提早到6月23日正式上線，主要聚焦在美妝保養、居家生活、時尚流行3大暢銷類別，首波上線500大品牌、約近1萬個商品數，POYA BUY寶雅線上買定位為體驗型美妝電商平臺，並推出獨立App，也有網頁版。

而寶雅旗下擁有26家門市的居家用品通路寶家，準備第三季推出電商平臺「寶家線上買」，同樣也會有獨立App，提供各式居家生活用品選擇。

為何寶雅選擇旗下兩大通路品牌各自獨立推電商，背後的思路是什麼？

疫情加速數位轉型，「寶雅線上買」提前上線

寶雅表示，POYA BUY寶雅線上買提供24小時便利網購服務，且合併線上及線下的會員福利制度，細看寶雅的數位轉型規劃，第一步先做POYA APP，先是協助消費者從實體卡轉用行動會員卡，並透過App不定期發放購物金，增加App開啟頻率；再延伸出行動支付POYA PAY功能，目前下載量突破150萬次；最後再推出電商平臺POYA BUY，目前在POYA支付App也可以點選「寶雅線上買」購買，且線上、線下點數共同累計。

而這種先推支付App、再推電商App的做法，在零售業也相當常見，比如超市龍頭全聯也是先累積了400萬會員後，才推出電商平臺PX Go，預先培養一批常使用全聯App的會員，為電商打底。寶雅也是相同的思維，才推出寶雅線上買App。

而寶雅線上買App之所以提前上線，跟疫情有很大的關係，多數消費者減少外出購物需求，紛紛轉為線上消費。消費的型態改變，也反映的營收數字，受到疫情升三級警戒影響，今年5月份寶雅營收年減0.57％達13.13億元，對比今年2~4月營收都有10~20％的年增率，當實體購物因疫情影響，降低消費者拜訪的意願，讓寶雅加速推出電商平臺的時程，提供消費者線上購物的管道。

平臺定位為體驗型美妝電商平臺，寶雅認為，是因為擁有266家實體門市的優勢，消費者可以在實體門市感受體驗後，再到線上購買，且線上有推出許多優惠或滿額贈搭配。

為吸引消費者購物，寶雅也祭出開站優惠，自6月23日起連續7天不限金額消費、抽iPhone 12紫色限定款。更特別針對疫情推出安心防疫專區及因應長時間居家而產生儀式感需求的家居生活品類專區，Work From Home的美妝保養專區。

第三季推「寶家線上買」，兩大品牌電商各自獨立

初期目標希望提升寶雅數位體驗服務，寶雅也透露，接下來預計第三季推居家用品品牌「寶家線上買」平臺、獨立App，也就是說未來寶雅、寶家電商平臺各自獨立，而非整合在一起；其次為何寶雅要分階段推電商平臺？

對此寶雅回應，寶雅線上買是屬於體驗型美妝電商，而寶家線上買會是體驗型居家生活用品電商，兩者擁有不同客群與商品。舉例來說，寶雅門市主力客層為15~49歲女性客群，寶家則專攻家庭客層、為26~44歲客群，兩邊關注的消費者是不同的。

而分階段上線，除了是疫情推了寶雅一把，加快行動支付及電商推廣，且寶雅擁有的店數及資源相較寶家來的多，換句話說受到疫情的衝擊也比較大，所以先將寶雅線上買設置完成，接著第三季再推寶家線上買，也可審視寶雅電商推動的情況做調整。

屆時，能否將POYA支付APP下載量150萬次無痛轉換過來，以及寶雅、寶家兩個電商App各自獨立，是否能鞏固各自的目標客群，都有待觀察。

資料來源：蕭閔云／責任編輯陳映璇，〈疫情加快寶雅數位轉型！POYA BUY電商上線，但為何要與旗下寶家分頭進攻？〉，數位時代，2021年。

問題與討論

1. 透過該案例的介紹，你認為是否還有其他的行動服務可以加入其中？

2. 該如何防止數位服務遭駭客入侵或顧客遭詐騙情況發生？

CHAPTER

顧客關係管理

13-1　顧客關係管理理論

13-2　顧客忠誠度

13-3　顧客管理系統

SERVICE
MANAGEMENT

13-1　顧客關係管理理論

一、顧客關係管理定義

　　服務的顧客究竟是屬於哪一種類型？而我們又應該用什麼方式維持長久的顧客關係？顧客關係管理依據不同學者的解釋，定義也有所不同。表13-1為整理學者所提出的定義。

➡ 表13-1　顧客關係管理定義

學者（年代）	定義
Swift (2001)	藉由多方面的與顧客接觸，了解並影響顧客的行為，因此提高了獲取率、保留率、忠誠度以及獲利率之經營模式。
NCR (1999)	倡導企業應不斷的與顧客溝通、了解顧客行為，藉此能夠保留舊顧客與吸引新顧客。
Kalakota & Robinson (1999)	提供客製化服務於銷售、行銷及服務策略三方面，找出顧客真正的需求，進而達到提升顧客滿意度與忠誠度。
Bhatia (1999)	運用資訊技術的自動化改進行銷、銷售以及客服等程序。
McKinsey (1999)	不間斷的關係行銷才是關鍵，找尋對企業具有價值的顧客，利用顧客區隔分出不同的顧客群。

　　由各學者的定義知，顧客關係管理不能只是運用單一的資訊技術來看待，更運用了資訊科技的優勢來實踐不間斷的顧客行銷，進而創造顧客價值。結合許多不同的定義，整理出以下幾點顧客關係管理之基本特點：

1. 顧客關係管理是一門運用資訊來吸引與保留顧客的觀念，並且以人、科技、程序為基礎，連結著行銷、銷售及服務的一種基礎概念。

2. 服務組織的策略及文化必須以顧客為中心(customer-centric)。

3. 出發點是以技術支援顧客需求為主。

4. 不斷地了解大眾的需求。

5. 衡量的指標為如何保留舊有顧客及開發具有價值的顧客群。

6. 考量到各方面與顧客間的互動。

二、顧客關係管理基本架構

由於行業的不同、顧客群的不同，顧客關係管理的基本架構也會有所不同。圖13-1為一個綜合型的顧客關係模式，包括：建立顧客活動的資料庫、資料庫分析、設定目標顧客群、吸引目標顧客群的工具、建立與目標顧客的關係、隱私權之考量、建立衡量的指標等。換言之，顧客關係管理首先是從顧客資料庫之建立開始，包括與顧客互動接觸的所有資料、顧客基本資料等，接著進行深入分析，進而挑選出目標顧客群，利用各種不同方式去爭取保留顧客，並建立和顧客之間的良好的長久關係。同時，非常重要的一個議題—隱私權，必須不侵犯顧客隱私的情況下，提供適當之服務，最後是否達到有效的顧客關係管理目標，則將以相關指標進行衡量。

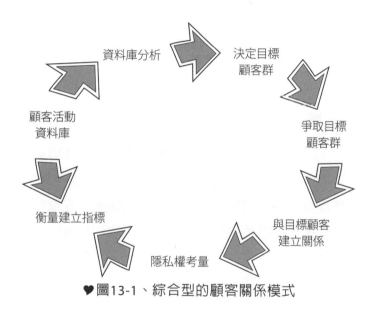

♥圖13-1、綜合型的顧客關係模式

13-2 顧客忠誠度

一、顧客忠誠度的基礎

顧客滿意度的提升是為了在顧客忠誠度紮下根基。對公司的服務有著高度滿意及高度愉悅的顧客，他們通常能成為公司忠誠的宣傳者，只固定向同一家供應商購買服務、以及做正面口碑；相反的，對於公司服務的不滿意，也是影響顧客轉換行為的關鍵因素。

二、創造與維持價值的關係

對提供服務的業者來說,最重要的一項關係是在財務方面必須是有所得利的。而且在創造顧客利益的同時可能會創造更多的收益,例如:在服務的過程中和顧客的互動,所得到的知識和滿足,這方面是屬於無形的利益。在一個完全的、相互利益的關係中,兩方都須具備誘因,來確保收益可以長期維持,或不斷的創造下去。特別是業者的部分,需注意他們是否有意願為往後的發展支付必要的投資費用。爭取新顧客並學習與他們相關的新需求,這樣一開始的成本可能會過高,使服務企業出現赤字的情況,不過這筆成本很可能是對於往後利益期望的保證。

什麼叫做有價值的關係,顧客該如何去定義呢?那即是他們從服務的傳送程序中,所得到的利益遠超過得到這些利益所需之費用。對一個顧客而言,有價值的關係之利益包含了信心、利益及特別待遇,在企業對企業的服務過程裡,具有價值的關係幾乎都必須依賴每一個服務組織夥伴之間的互動所形成。

三、忠誠度的影響

在過去,忠誠度(loyalty)是一個流行的名詞,傳統上,被用來形容為一個國家、理想抱負或是一個人之貞節與熱情。在現今企業之背景環境下,此名詞被用來形容,顧客因為對企業服務感到滿意,願意長期到該企業重複或專程進行消費和使用此企業的商品與服務,而且自願把他推薦給周遭的人,並不收取任何的報酬。《忠誠度的影響》這本書的作者Frederick說:「有部分的公司會把顧客當作是他們的養老金。」現在對企業來說,忠誠顧客群的涵意到底是什麼?企業在一段期間中的獲利源於忠誠的顧客群,大部分學者認為忠誠度是不能夠轉讓且不會憑空消失,除非有另一家服務業者可以提供比原來更好的服務,讓顧客認為他們能夠轉換。

服務品質的缺乏,大部分起因於無法達到顧客所預期的期望。尤其是在接觸頻率很高的服務情境下,服務人員粗糙表現是導致消費者失望的主要因素。研究者確信顧客對服務的滿意度與員工對工作的滿意度,這兩者之間的關係是緊緊相扣的。

如圖13-2所示,以策略操作和服務傳遞系統的流程圖來看,忠誠度所指不僅只侷限於顧客對於服務企業上,也在於企業本身的員工對於所處公司的忠誠。執行服務的人員必須了解他們是有足夠的能力去完成本身的職務所應做的事情,且喜愛他們的職務,並能由上司所給予的待遇而了解本身的定位。他們會勉勵自己對所屬組織的忠誠感繼續保持下去,而不會有想要轉換職務的念頭。忠誠度高且具有能力的員工會比新

雇的員工具備更良好的能力，並有可能傳送品質較高的服務。綜合上述，忠誠度高的員工願意更盡心盡力的傳送服務組織所要傳達給顧客的服務產品內容，進而提高顧客對於公司服務產品的忠誠度。

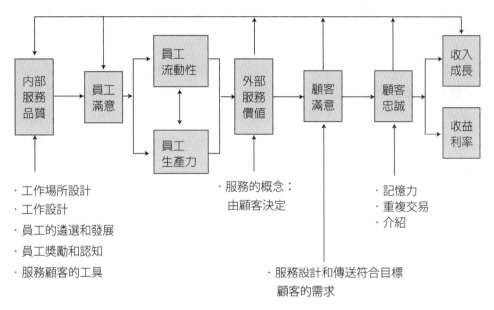

內部服務品質 → 員工滿意 → 員工流動性 / 員工生產力 → 外部服務價值 → 顧客滿意 → 顧客忠誠 → 收入成長 / 收益利率

· 工作場所設計
· 工作設計
· 員工的遴選和發展
· 員工獎勵和認知
· 服務顧客的工具

· 服務的概念：
　由顧客決定

· 記憶力
· 重複交易
· 介紹

· 服務設計和傳送符合目標
　顧客的需求

♥圖13-2、策略操作和服務傳遞系統

四、顧客關係連結

正確的區分顧客群才能吸引正確的顧客，將服務分層以及傳送高品質的服務是擴展顧客忠誠度的不二法門。因此，若想與顧客的關係持續保持更密切的連結，服務組織必須做到更多事情，以下分別敘述之。

（一）強化關係 (deepening the relationship)

為了讓顧客和服務組織之間的關係更密切，強化關係需藉由搭配銷售或交叉銷售這兩種策略。例如：銀行會將理財商品盡可能的賣給同一個帳戶持有人或一個家庭，這樣一來，一個家庭裡面須辦理現金存款、汽車貸款、信用卡等，便會選擇在同一家銀行辦理，彼此之間關係如此緊密，除非顧客對這家銀行的服務極度不滿意，不然基本上是不太容易轉換至別家銀行。

（二）獎賞關係連結（reward-based bonds）

在競爭激烈與多方面選擇的服務產品裡，會持續的使用同一品牌產品的顧客不多，尤其是沒有持續性的服務交易。例如：汽機車租借。因此，以提供服務獎賞的方式就是一種持續建立顧客忠誠度的方法之一。獎勵的大小可以根據顧客進行消費的次數和所消費的價值而定，通常獎賞可分成財務性或非財務性兩部分。

財務性關係的連結是建立在有忠誠度的顧客群可得到的財務價值回饋，例如：消費折扣，購買金額達到多少即可享有多少優惠等。非財務性關係連結之意是指回饋給顧客的價值或利益是沒辦法具體轉換成金錢計算的，例如：客服人員或營業員之服務，具有忠誠度的顧客享有優先使用權；又如：某些航空公司會給乘坐次數頻繁的旅客增加更高的載貨量、座位升級或休息室使用的優待等。

（三）社會關係連結（social bonds）

當你一進門還沒開口跟早餐店老闆點餐的同時，他就已經知道你習慣點用哪些餐點，或者是與你寒暄幾句為何這麼久沒來，你的感受將會是如何呢？社會關係連結即是建立在顧客和服務業者雙方之間的個人關係。雖然建立社會關係連結比財務性關係還難，且時間方面的問題也需要考慮，不過，這樣的關係卻反而比較不容易被同行競爭者所跟進。企業已經建立社會關係連結比較有可能與顧客發展長久的合作關係，並建立更穩定的顧客忠誠度。

（四）客製化關係連結（customization bonds）

此種關係可視為服務業者針對顧客群進行一對一行銷與提供服務的特殊服務傳遞方式，將每位顧客當作一個單獨的個體看待，分別提供個體所需的特殊需求。有些大型旅館便會利用獨特的客製化服務讓消費者留下深刻印象，提升顧客對於旅館的忠誠度。例如：當顧客一踏進旅館，顧客會發現旅館早已知道他們個人的需求，像是喜歡喝什麼種類的果汁和品嚐哪一種餐點，以及在早餐時供應消費者平時最常閱讀的報紙等。當顧客習慣某些服務之後，便很難再轉換到別的服務業者那裡去接受服務，畢竟貿然轉換至別的服務業者的同時，他們必須再花費一段時間才能找出顧客的喜好。

五、透過會員關係和提高忠誠度計畫來建立顧客關係

　　就行銷而言，許多服務組織為了確保未來的產品銷售與財務收益，會試圖和顧客發展正式且長期之關係，如：旅館所發展的舊顧客計畫方案，提供優先預約、客房升等方式，此行銷任務最主要是想藉由會員關係來提高銷售業績和收益，避免潛在利益的損失。

（一）將不連續的交易關係轉變為會員關係

　　電影院、汽機車租借、餐廳等都是屬於間斷式交易，每次的交易大部分都來自不知名且不固定的顧客。此類型服務對行銷人員最大的問題是相對於有固定會員制度的競爭者，較難得知本身的主要顧客群是誰，以及顧客習慣使用何種服務？屬於交易分散型的服務企業，管理者需要更加努力把關係建立起來，如：美髮中心這類的小型服務業，舊顧客的需求和偏好最好留下紀錄，包括，洗頭時偏好較熱或是較冷的水溫，附贈飲品時喜歡喝咖啡還是茶等都是貼心的小舉動。這樣不僅可避免員工重複問相同的問題，還可以達到顧客化服務，以及預測顧客往後的需求。對於大型企業而言，擁有大量顧客則可藉由電腦紀錄以及顧客管理系統等方式來建立這樣的顧客關係。

（二）實施完整提升忠誠度計畫

　　Dowling和Uncles等學者針對信用卡產業做了一份調查結果顯示，一個完整的提升顧客忠誠度計畫，可以加強顧客們對該信用卡價值觀點的認知、提高收益、並且減少顧客轉換行為，以及提升使用情況。其他的服務行業也可以套用此觀點，關於整個提升忠誠度計畫的實施內容必須注重以下兩項對於顧客的心理效果：

1. 消費者如何評價整個忠誠度計畫所給予的獎賞，需考量以下五點：
   (1) 兌現獎賞價值的現金價值。
   (2) 獎賞的範圍是可選擇的：是眾多商品中的選擇，還是只有單一的商品選擇。
   (3) 獎賞渴望的程度：不容易購買到奇特的商品。
   (4) 獲得獎賞的交易數量，顧客是否都認為是合理的。
   (5) 在獲取獎賞上的操作是否過於困難。
2. 顧客從在提升忠誠度計畫中獲得利益的速度有多快？

　　忠誠度計畫的吸引力有時會因為獲得獎勵的速度過慢而對整個計畫大打折扣。可以定期通知顧客目前可獲取的獎賞為何，說明達成特定獎酬的目標程序，以及接受服務後即可馬上獲得哪些的獎賞。

六、管理並減少顧客變節的外在因素

（一）顧客變節的影響因素

　　Keaveney學者研究許多服務業後發現，導致顧客變節的幾個關鍵因素，如圖13-3所示。其中17%來自服務失誤與錯誤回應；服務時間的延遲、服務場所的不方便占21%；訂價比同業競爭者來的高、不公平或不誠實的現象占30%；服務不佳導致顧客不滿意則為34%；其中比例最重的是核心服務的失敗占44%，上述因素皆是使顧客轉換的原因。

（二）減少顧客變節之策略

　　Keaveney強調傳送優良服務品質的重要、將不便利性極小化、降低其他非財務性成本，以及清楚訂價等策略之重要性。除了以上導致顧客轉換的一般因素外，服務組織在所屬的產業中難免也會碰到導致顧客轉換的特殊因素。

　　例如：因為購買新手機誘因，間接導致手機用戶停止目前所使用的費率方案，且重新簽訂契約方案以獲取手機。所以，若想要避免顧客由於想更換新手機而導致轉換服務業者的情形，有些手機業者提供了許多吸引顧客更換手機的方案。包括會員可在規定期限內向簽約廠商購買手機可以獲取優惠，或提供通話費每個月達到多少可以累計點數兌換免費手機等。在維持顧客的數量方面包括受過專業訓練的客服人員，他們最主要是在解決顧客取消交易的原因，傾聽顧客的需求，以及試著處理他們的問題，最終達到將顧客留下來的目的。

　　所有降低顧客轉換的方式都可視為顧客轉換服務業者時的障礙。有些服務組織會設有固定的變動成本，例如：顧客原本使用的銀行帳戶要轉換至別家銀行時，原來的銀行就會將其轉換的手續設計的相當繁瑣，並且要求顧客必須支付一些轉換的費用，讓顧客認為轉換過程太過於麻煩而放棄前往新的銀行接受新服務。雖然這些措施可以減低顧客進行服務轉換的意願，但是，服務組織也應避免被認為是以顧客作為抵押品的印象產生，有時高度轉換障礙與服務品質不良的服務組織，容易使顧客對於公司的口碑與態度造成負面觀感。

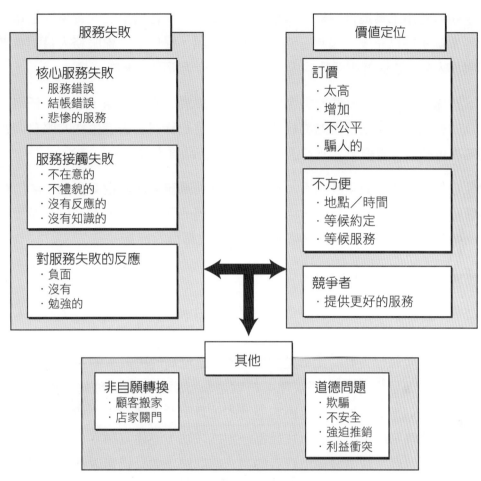

♥圖13-3、顧客轉換之關鍵因素

13-3 顧客管理系統

　　服務組織必須有顧客關係管理是相當重要的認知。大部分的服務組織應用此管理方式已有相當長的時間，目前比較知名的顧客關係管理系統有甲骨文公司所研發的系統(Oracle)與西伯爾系統(Siebel System)以及PeopleSoft公司和SAP公司等。

（一）顧客關係管理系統的目的

　　有些企業擁有大量的顧客群，會在許多不同的管理區域範圍內設置不同的銷售方法。例如：架設網站、客服人員、自動販賣機以及櫃檯等。在一個廣大的銷售市場裡，第一線的服務人員沒有辦法確實第一手掌握顧客的需求進行服務，因此經營者在

PART
4

此狀況下如何善用工具進行關係行銷便顯得重要。關係行銷手法的實現便是藉由顧客關係管理系統才得以完成，因為它能掌握顧客資訊，提供第一線服務人員消費者的資訊，讓服務人員知道顧客需要哪些服務並且快速給予所需的服務。

顧客關係執行的好，有助於整合所有與顧客接觸的相關紀錄，包括：任何一筆交易、帳款的相關資料、消費者的喜好、以前的交易紀錄與過去發生過的服務問題等，上述問題都可被服務組織所掌握且迅速改善使服務品質大幅提升。

除此之外，以企業的角度來看，顧客關係管理系統有助於企業更加了解消費者、正確地將顧客分群以及層級分類，因而擬定更具體的目標銷售方案，以及設置顧客轉換的警報系統等，有助於提醒組織哪些顧客已出現轉換的行為。

（二）顧客關係管理設計之策略

雖然顧客關係管理系統可以讓企業迅速了解目前顧客的需求為何？但另人感到可惜的是，顧客關係管理的執行大多數卻是失敗的。根據Gartner Group的調查結果顯示，顧客關係管理執行失敗的比率是55%，導致這麼高的失敗率的主要因素是，一般的服務組織皆認為設置顧客關係管理系統就是執行顧客關係管理的策略，而忘記顧客關係管理系統只是一種加強服務顧客能力的工具，並不能當成一種策略。就算已經執行顧客關係管理系統也不能表示往後都一定能成功，應建立顧客真正需要的回饋方案，從顧客關係管理系統中發掘消費者的需求與問題，並且迅速改善，以提升顧客忠誠度為目標，而不單單只是建置科技系統而已。

以顧客滿意度為核心的麥當勞

一、前言

隨著時代的變遷與社會的進步,飲食文化也有了明顯的改變,過去在家吃三餐的情形已逐漸被速食所取代,麥當勞在我們的生活當中已成為一個不可或缺的部分,不論是稚齡兒童、青少年,或是分秒必爭的上班族,皆獨愛麥當勞的速食餐飲。在速食王國當中速食店彼此之間的競爭是如此的激烈,麥當勞為何能在眾多速食業者中獨占鰲頭,並獲得速食之王的封號?到目前為止,「麥當勞」仍穩站速食業龍頭的寶座。下列將深入探討為何麥當勞能深植人心的原因即成功之因素。

二、麥當勞的起源與發展

麥當勞是McDonald兄弟所創立的,而由Raymond Albert Kroc成為麥當勞的第一位加盟經營者。Kroc是一位具有遠大志向及抱負的人,獨具慧眼的他,很看好麥當勞的前景,於是與麥氏兄弟合作成立第一家加盟連鎖店。「麥當勞」的成功因素,主要是:「3S」與「Q、S、C、V」。在經營管理上「3S主義」即簡單化(Simplification)、標準化(Standardization)、專業化(Specialization),這是麥當勞的經營理念。而在經濟哲學上,麥當勞則注重品質(Quality)、服務(Service)、清潔(Cleanliness)、價值(Value)。

三、麥當勞的成功

麥當勞為何能成功?完全是以四個服務顧客的基本方針為基礎:

1. Q(Quality,品質):無論在何時、何處、對任何人都不會打折扣的高品質。

無論哪個行業,只要產品的品質不良,便會使消費者怯步。因此,麥當勞的食品在交給顧客之前,都是經過嚴格的品質控制。正因為商品是食物,所以衛生和品質當然要通過層層的把關,才能送到消費者的面前。麥當勞的員工一致的口號是「顧客至上」,無論顧客有多不合理的要求,麥當勞的員工都會盡量的配合。例如:有顧客拿著其他速食店的優惠券要在麥當勞消費,麥當勞的服務人員會視情況做出適當的回應。

2. S(Service,服務):迅速、正確,並且笑臉迎人。

麥當勞要求員工必須時時保持微笑,因為服務人員是與顧客接觸的第一線,親切的微笑自然是很重要的。

3. C（Cleanliness，清潔）：保持最整潔的環境。

　　當客人用餐時，一定希望他用餐的環境清潔，所以麥當勞很注重店內的整潔，約每半個小時便會清理周遭的環境，使顧客能在最整潔得環境中享用餐點。

4. V（Value，價值）：盡可能使每一位顧客感受到都被重視，達到最高滿意度。

　　麥當勞的員工盡最大的努力讓顧客達到滿意為止。有時候服務人員的微笑，會讓人感覺麥當勞是個充滿著愛與溫暖的地方，想要再次的造訪。例如，在用餐的尖峰時段，麥當勞的櫃檯總是擠滿了人，此時麥當勞的服務員便會提供飲料，並為作業程序緩慢而道歉。

四、服務三大訴求

1. F（Fast，快速）

　　指服務顧客必須在最短的時間內完成。因為寶貴的時間稍縱即逝，因此，對講究時間管理的現代人而言，能否在最短的時間內享用到美食，是決定踏入店內與否的關鍵之一，麥當勞十分重視時間的掌握。

2. A（Accurate，準確）

　　不管麥當勞的食物有多麼的可口，若不能把顧客所點的食物正確無誤的送到顧客手中，必定給顧客一種「麥當勞服務的態度十分草率，沒有條理」的壞印象。因此，麥當勞堅決在尖峰時段，也要不慌不忙且正確得提供顧客所選擇的餐點。

3. F（Friendly，友善）

　　友善與親切的待客之道。不但要隨時保持善意的微笑，且要能夠主動探索顧客的需求。如果顧客所選擇的食物中沒有甜點或飲料時，麥當勞的服務人員便會微笑的對你說：「要不要參考我們的新產品或是點杯飲料呢？」，如此，不但能向顧客介紹新的產品，也同時增加額外的銷售機會。

五、顧客經營之道

1. 微笑是免費的（發自內心的歡迎顧客）

　　麥當勞最令人津津樂道的「註冊商標」就是親切的微笑，因此，當走進麥當勞時會看到櫃檯價指示板最下方寫著「微笑免費」，只要是麥當勞的店員都必須銘記這個精神，這也是麥當勞員工的親切笑容受到顧客們一致肯定的原因。顧客來店用餐，不僅重視食物的口感，更注重在店內的氣氛，營造一個充滿了微笑的溫暖空間，這也是其他速

食店所看不到的，讓顧客深覺麥當勞不僅只是一家速食店，更是一個散播歡樂和愛的地方。

2. 得來速服務

由於時代的進步，汽車與人類的生活緊密結合，加上現代人生活日趨忙碌，如何更有效率、更簡單的解決「吃」的問題越來越被重視，於是能夠提供最迅速、衛生的麥當勞「得來速」服務也因此蓬勃發展起來。「得來速」起初是一個窗口，同時提供餐點供餐之用，但經過改良後，以增加至兩個窗口，入口點餐、出口供餐，這樣一來，不僅在短時間內效率提升更高，速度也越來越快，「得來速」這個如此便捷的購餐系統，也深受民眾的喜愛，這也是為何「得來速」所帶來之利潤能夠高達麥當勞營收入50％的主要原因。

3. 抓住顧客的心

(1) 免費的玩具：麥當勞了解顧客的需求及需要。小孩子喜歡玩具，麥當勞考量這群主消費群所需，因此，特別在快樂兒童餐中附贈了免費的玩具。由於玩具是免費的，家長既可以讓小朋友吃飽、更可有免費玩具討小孩子歡心。

(2) 搭乘流行列車、世界潮流，製造商機：奧運、世界盃足球、賤兔、Hello Kitty、Snoopy，只要一出現，總是夾帶著龐大的商機。麥當勞懂得搭順風車，推出一系列相關的周邊商品，同時也吸引愛好此物的收藏家們來此消費，更甚至引起一股瘋狂收集的風潮！

(3) 推出新商品、創新口味：當顧客吃膩了相同的食物，他們偶而會想換換口味，為了避免既有的客戶流失，因此，麥當勞便不斷的研發並推出能讓社會大眾接受、喜愛的餐點，唯有不斷得創新才能歷久不衰。

(4) 大打折扣：當各家速食店的口味與價位都相當時，折扣的有無就變的很重要了。麥當勞替青少年族群推出了三樣50元、買一送一、配對貼紙、隨餐附贈刮刮卡等特惠組合。顧客會因價格的差距而選擇在麥當勞購餐，麥當勞以小小的付出，反而掌握如此大的客源，是「以小搏大」的最好例子。

六、有效率的行銷方法

1. 使Q、S、C提升至最佳狀態

由於有一半以上的顧客都是用「得來速」購餐，「得來速」被使用的次數很多，因此，「得來速」的服務也必須比照店面「Q、S、C」的服務水準，才能讓顧客再次上門。

2. 提升得來速的顯目度與整潔度

　　麥當勞的金黃色M字可以說是成功招牌的代表之一，金黃色大M字給人一種溫暖的感覺，加上標誌簡潔，很容易烙印在顧客的腦海中。

3. 廣告效應

　　麥當勞的廣告總給人一種十分溫馨的感覺，使人認為是歡樂的來源。此外，麥當勞能針對兒童的訴求以玩具贈送作為促銷吸引顧客上門。

七、顧客關係

　　「100％顧客滿意」是麥當勞對顧客服務的最高承諾，不僅是一種理想和目標，更是一種責任和榮譽。國際麥當勞曾經針對「顧客滿意」做調查研究，結果發現：27％的顧客會在消費後，表示「不滿意」，其中40％的顧客表示「他們將減少光顧」，這等於每家麥當勞每月失去780次消費人次，或等於每區失去17萬7千位顧客；但如果對客戶抱怨立即進行妥當照顧處理，即有95％顧客繼續保持高忠誠度並相對增加20％的購買。

　　因此，顧客關係的基本概念就是說明「顧客滿意」和「顧客抱怨」是一體兩面，如果能從抱怨到滿意、化危機為商機，就是重要的議題。麥當勞為達到「100％顧客滿意」，不論在任何層級中訓練同仁處理顧客抱怨原則，一定包括以下四個步驟：面對問題、反應並修正、檢查並報告、追蹤改進。臺灣麥當勞從顧客抱怨的案例及解決方案中，認真整理出完整的紀錄存檔，不斷深入了解第一線經營及服務上的弱點，並實際引導行政系統、訓練學習概念的改進策略，使臺灣麥當勞在未來與顧客的互動上更成功，這就是「從抱怨到滿意，化危機為商機」的實際行動。

　　資料來源：學貫行銷股份有限公司，顧客關係管理與實務，張瑋倫著（上課用書 p297~p304）。

問題與討論

1. 你認為麥當勞在服務顧客的基本方針上還有什麼需要加強？

2. 「顧客至上」，無論顧客有多不合理的要求，麥當勞的員工都會盡量的配合，這樣會不會造成越來越多不合理要求的現象出現？

CHAPTER  **14**

服務疏失管理

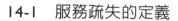

14-1　服務疏失的定義

14-2　服務疏失的類型

14-3　服務疏失的補救

SERVICE

MANAGEMENT

　　服務是無形的，因此顧客往往會將人員的服務品質或是實體環境設施及服務傳遞過程中的任何因素視為服務品質的評估要素，也因此服務的產出與消費是同時發生的，所以在服務過程中如果發生了任何一點疏失，就會帶給顧客負面的觀感。舉例來說，顧客今天到旅館消費，從踏進門口開始，建築裝潢、門口擺飾、牆面用色、服務人員態度及房間類型等，都會間接影響到顧客的感受，在這一系列的「服務過程」中，如果讓顧客覺得感覺不愉悅的話，服務疏失就會發生。而Westbrook (1981)認為服務疏失的發生，是從產品的來源、實際購買到顧客真正使用的「服務過程」中，服務疏失的嚴重程度也會有所不同。可見，從產品的來源到實際購買的任何一服務接觸點都有可能發生疏失，顧客即可能因此產生負面的反應。所以產品的包裝到銷售出去與顧客的感受彼此間都有著相互的關係。以下我們會從服務疏失的發生到服務的補救方法進行探討。

14-1　服務疏失的定義

一、服務疏失的重要性

　　在市場競爭越來越競爭時，商品與服務也呈現多樣化，商品和服務本身的區隔也越來越不明確。但伴隨商品而來的服務卻是被顧客更加重視的，且服務疏失會影響到服務品質的整體層面。服務疏失的發生是無法避免的，在發生服務疏失時，如果能把服務的品質維持在一定程度的水準，把服務疏失做適當的處理，就有機會和顧客建立起穩定的顧客關係。在服務業中，顧客就是老闆，因為企業也希望留住所有的客戶。一個企業的成功，顧客的意見就是最好的商機，大多數的企業認為顧客就是愛挑剔且難搞定的人，但是，如果反過來想，顧客如果不抱怨，企業怎麼會知道哪裡需要改進呢？有一群會表達、抗議的消費者，企業能接受這些聲音去做改進或成長，不就是擁有了更好的競爭能力嗎！日本經營之神松下幸之助曾說過：「人人都喜歡聽到讚美的話，可是顧客光說好聽的話，就會使我們懈怠。沒有挑剔的顧客，怎會有更精良的產品呢？所以，面對抱怨的顧客，要虛心求教，這樣才不會失去進步的機會」。因此，企業若想提供給顧客優質的服務品質來避免服務疏失，首先要了解顧客的期望和需求；而評等企業的服務品質，Parasuraman、Zeithaml和Berry (1993)不僅提出顧客期望模型，並認為服務品質優劣的比較標準即是顧客的期望與認知上的差異。該模型共分成以下五個部分：

1. **理想的服務水準(ideal service)**：此為顧客最希望，但是不容易實現的期望。

2. **希望的服務水準(desired service)**：因為理想的服務水準達成不易，所以顧客會降低對服務的期望，轉向希望的服務水準。

3. **容忍區間(zone of tolerance)**：介於希望的服務水準與勉強合格的服務水準之間的區域，處於容忍區間的實際的產品或是服務品質，均為顧客可接受之範圍。

4. **勉強合格的服務水準(adequate service)**：此為顧客所能接受產品或是服務品質的最低限度；當產品或服務品質低於此一水準時，顧客便無法容忍而產生不滿。如果有這種情況發生，企業就要有危機意識了。

5. **預期的服務水準(predicted service)**：這是顧客對產品或服務真實的期望；其範圍可能從理想的服務水準乃至勉強合格的服務水準。顧客會在考慮許多不同的因素後，決定對服務的預期。

　　其實只要多聆聽顧客的聲音，也許會聽到快樂和不快樂，如果企業能把所聽到的資訊轉化為加強服務顧客或改進的方向，那顧客的抱怨就是最大的商機。

二、服務疏失的意義

　　服務疏失係指服務過程中，當服務人員和消費者接觸時，讓顧客有負面感受，或有不滿意、不愉快的經驗時，即為疏失。疏失不是站在服務人員這一方來看，因為只要消費者感到不舒服就是疏失。簡單的說，服務疏失是站在顧客的角度，不是以服務人員的觀點。例如：茶類調飲的員工在調茶的時候多加了一匙糖，但是消費者覺得很好喝，那服務疏失就不成立了；反之，如果員工覺得飲品調的比例剛好，但是消費者就是不滿意，那也算是服務疏失。Hoffman and Bateson (1997)認為服務品質低於顧客期望時，即發生服務疏失的情形。也就是當顧客認為企業所提供之服務或產品不符合其標準，就是消費者認定為不滿意之企業服務行為。同樣地，De Coverly et al. (2002)提出只有在當顧客知覺服務疏失發生時，服務失誤才真正的發生。綜合來說，企業要以顧客感受的正負面反應去做評估是否已造成服務疏失。

三、服務疏失的發生

由發生的時間點來看，服務接觸可稱之為「真相時刻」或「關鍵時刻」，服務傳送的成功或失敗，端視服務人員對接觸情境能否妥善處理。還可藉此鼓勵員工把握機會與顧客互動，讓顧客留下美好記憶。任何服務過程中，服務疏失何時會發生？必然是在顧客和服務人員接觸的那一剎那間發生，故稱為服務接觸的真相時刻。例如：兩位客人到餐廳用餐，倘若他們只是一般朋友，但是服務人員說你好：請問是先生是跟貴夫人一起來用餐嗎？這時候就是服務疏失的發生。其實，只要說你好，兩位是要用餐的嗎？或者有三個人在用餐，有一位是小朋友，因而員工只遞上兩份菜單，忽略了這位小朋友，而這位小朋友問了服務生：為什麼我沒有菜單可以看呢？這也是服務疏失的一種。簡單來說，只要沒有滿足消費者的需要，就是疏失。

每個服務接觸時，企業都要鼓勵服務人員把握機會和顧客互動，在服務過程中讓顧客留下良好的印象。顧客對業者不滿意的來源通常來自於三個系統：

1. **銷售系統**：指產品銷售系統的提供能力。

2. **購買系統**：零售點上的選擇，實際購買與接受產品。

3. **消費系統**：指產品購買後的使用與消費，也可能是消費過程中處理的問題，或是零售地點的問題等。亦即，從產品或服務的來源、購買，到使用的服務流程之中發生。

舉例來說，在餐廳裡，顧客在點餐時要求說他的炒麵要加辣椒，而且還要鹹一點，雖然是顧客突然要求，服務者就要馬上給他做更換，這時候疏失就有機會發生。換言之，每個服務流程裡，都會與顧客接觸，而接觸過後的疏失與不滿意都有可能發生，也無法一一去避免。如果這個疏失是關鍵性的因素，還可能會導致顧客的流失和形象降低，所以服務者如何掌握時機，降低疏失發生的頻率，也是很重要的。由於顧客的多樣化與服務的多變性，服務疏失很難不發生，所以，在服務過程中，任何服務接觸點的疏失，都會使消費者產生不滿意的負面反應，嚴重還會影響再購的意願，甚至會採取較激烈的報復行為，影響企業的發展。Schlesinger and Heskett (1991)以循環(cycle)的觀點切入，來說明服務失誤發生時所產生的一連串反應，其中涵蓋兩個循環：

（一）顧客循環 (customer cycle)

顧客不滿意→ 與顧客沒有持續的關係 → 無法培養顧客忠誠度 →高度顧客轉換率（必須重複去吸引新顧客）→ 顧客不滿意。

（二）員工循環 (employee cycle)

員工不滿意（產生服務態度不佳）→ 高度員工轉換率 → 低毛利 → 狹窄的工作設計 → 使用科技來控制品質 → 低工資 → 低度訓練 → 員工沒有能力處理顧客問題 → 員工不滿意（產生服務態度不佳）。

這兩個循環之間並非各自獨立，而是會相互影響的。例如：員工的不滿意將導致服務態度不佳，進而形成顧客不滿意。由此可知，每個循環之間的任何一種現象，均會影響關係存在與否。在服務過程中的任一個環節，均不能有絲毫放鬆，否則導致整體服務的失敗。至於如何處理服務疏失，是需要去了解顧客和服務人員實際互動時，哪些是愉快和不愉快的互動經驗。這部分在稍後的內容中會有進一步的說明。

14-2　服務疏失的類型

服務疏失的類型有很多種，像Bitner et al.(1990)提到從服務接觸的觀點來探討顧客滿意與不滿意（亦即服務疏失）的狀況。從航空公司、旅館、餐館三種行業案例中，歸納出三大類12項的服務失疏，三大類分別為「服務傳送系統失誤所造成的顧客不滿意」、「未能回應顧客要求所造成的不滿意」、和「員工個人行為所造成的不滿意」。Bitner et al. (1994)也從員工觀點來研究服務接觸(critical service encounters)，針對旅館、餐館、航空公司等三種行業案例中，歸納出四大類16項的服務失誤，分別為「服務傳送系統失誤之員工」、「顧客需求及要求之員工反應」、「員工自發性行為」和「問題顧客行為」。問題顧客行為指的是顧客在與服務提供者及法律配合之間所引起的行為，包括酒醉、言詞不當或肢體衝突、破壞公司規定或政府法規、完全不配合之顧客行為，都是服務疏失的一種。Kelley et al.(1993)以零售業為研究對象，在眾多案例中歸納出三大類15項的零售失誤(retail failures)。

（一）服務傳遞系統或產品疏失

1. **服務政策疏失**：退貨無收據不予受理、購買標示不清等。

2. **緩慢／未提供服務**：員工受訓、未銷售顧客所需產品、員工動作太慢。

3. **系統訂價**：產品單價在訂價系統發生錯誤。

4. **包裝錯誤**：包裝與內含產品不符、零件缺少、衣服樣式不對。

5. **缺貨**：公司促銷產品，店內卻無此項產品。

6. **產品缺陷**：產品瑕疵、產品已過使用期限。

7. **持有損害**：分期付款期限已過。

8. **修改**：產品送修失誤或超過送回期限。

9. **錯誤資訊**：顧客被告知壞消息，即顧客預定的產品已無存貨，保證不如預期。訊息發布是無限供貨，但是到場購買卻已經沒存貨。

（二）顧客需求及要求疏失

10. **特殊訂單或要求**：消費者可能需要多加點樣式或在產品上想要另外修改。

11. **顧客承認錯誤**：顧客承認自己疏失，但是業者咬著這點不放。

（三）員工錯誤

12. **員工記帳錯誤**：算錯帳、找錯金額等。

13. **行竊行為**：店方控告顧客偷竊行為。

14. **員工所造成的窘境**：員工因疏忽或錯誤的判斷、或是隨意誣賴顧客犯錯。

15. **員工注意力失誤**：忽視顧客等待過程及不當的服務態度、錢找錯人。

而在Hoffman et al. (1995)曾以餐飲業為調查對象，將多件服務失誤案例歸納為三大類，其分類為：

（一）服務傳送系統失誤

1. **產品缺失**：烹煮食物之品質未達基本要求。

2. **服務過於緩慢或未完成服務**：等待時間過長、餐點沒上。

3. **設備問題**：衛生環境或餐具不潔、飲料封杯不緊密導致溢出。

4. **公司政策失誤**：拒絕顧客以信用卡付款、金額可能不到一個額度無法優惠（例如：滿400元打九折，但是消費金額是398元）。

5. **缺貨**：沒有任何的庫存。

（二）顧客需求之反應失誤

1. **提供之產品未依訂單之要求烹煮**：圖片與實際產品不符。

2. **未依顧客之要求安排座位**：如顧客有指定靠窗座位，但是安排的卻是在中間走道。

（三）員工自發行為失誤

1. **因員工不恰當行為所致**：對顧客態度粗魯或發生言語衝突、不耐煩的情緒。

2. **訂單錯誤**：如顧客訂位人數是五位，但是訂位人員卻只登記到四位。

3. **訂單遺失**：消費者點餐訂單弄丟。

4. **結帳時計算錯誤**：算錯帳、找錯金錢等。

　　看到這麼多類型的服務疏失，如何解決疏失才是最重要的關鍵。如何掌握疏失的類型、疏失的時間、前後順序等，還有顧客所認定最重要、最滿意及最不滿意的事情等釐清。再來是確認造成這個疏失的過程，或是疏失的嚴重性大小。另外，如果讓顧客感覺到這個疏失是可以控制的，顧客就會對此服務滿意一些，所以至少要做到這一點，讓顧客覺得這個疏失是可以控制的，而且以後不會再發生。服務至少要做到這一點，才有辦法留住顧客。

14-3　服務疏失的補救

　　服務補救是源於因應服務疏失所採取的行動，所以我們又稱為「顧客抱怨處理」。許多企業一直在思考如何改善服務流程問題，以達到完美的服務，但是實際上並不容易。因為，從服務觀點去看，不是企業有嚴格標準就可以達到零缺點，重點還是在於顧客的觀點，滿意與不滿意都是顧客所決定的。所以想要到完美無缺的服務流程是非常艱難的。但是相對企業如果能有一套配套措施，去做服務補救或事先準備，才能迅速地解決服務疏失的問題，這樣才能增加企業的競爭力和對手進行差異

PART **4**

237

化。Fornell(1992)認為：好的服務補救可以加強顧客滿意，建立並強化顧客關係，更能有效的防止顧客對品牌產生背叛行為。Gilly(1987)的研究發現，滿意服務補救的顧客，比起「滿意但沒抱怨」的顧客會有較高的購買意圖。因此，從未發生過服務疏失與發生過但有經過企業妥善的服務補救措施之顧客來作比較，會發現某些顧客在獲得企業提供妥善的服務補救後，對於企業的滿意程度反而更高。所以當發生服務疏失時，若能提供良好的服務補救，還可讓原先不高興且憤怒的顧客平緩情緒，甚至可能變成為企業的忠誠顧客。反之，若企業不回應服務疏失所產生的顧客抱怨，Gary & David(1992)的實證研究發現，將會有52%的顧客不會再購買其產品；相反地，如果企業願意彌補顧客的損失，則顧客滿意度將會有顯著的提升。

一、服務補救的定義

Gronroos(1988)認為服務補救是指服務提供者回應疏失所採取的行動。鄭紹成(1997)認為服務補救是在服務疏失發生後，企業所採取的任何彌補顧客之行動。Hart, Heskett & Sasser(1990)指出服務補救是對於顧客衡量行為的正面影響行動，可加強顧客與企業間的連結。所以，看到服務疏失在服務業裡是非常重要的事件，即使是最好的企業也避免不了發生疏失或錯誤。因此，當企業不可能避免問題會發生的話，就必須試著去補救它，並且指出服務補救措施是否妥當，若執行不周，一定會增加顧客不滿意的情緒，嚴重還會造成顧客流失。Firnstahl(1989)認為服務所造成的疏失，透過服務補救會增加顧客對企業的滿意度，還可有效解決顧客問題。服務補救管理是需要被重視的，但往往也是企業在面對顧客最容易被忽視的一環。服務補救管理對於消費者忠誠度與顧客維持以及公司利益這三個部分之間，扮演著重要關鍵，如果能掌握這項重點，還可提升顧客對於企業的認知品質和形象。

二、服務補救的類型

基本上，道歉、承認錯誤、賠償是比較積極的補救方式。解釋與道歉則通常可歸因於內部原因或外部原因。內部原因是企業內部有問題；外部原因可能是因為天候不好、有颱風、紅綠燈太多、塞車，所以外送會晚到。任何不當的原因都有可能導致顧客的不滿，所以服務人員必須特別注意。服務補救可分為兩個類型：

1. 心理面，即道歉與解釋（含內部與外部解釋）。

2. 實質面，即補償（含服務補償與金額補償）。

Kelley et al. (1993)以零售業為對象探討服務補救分類，在眾多案例的分析上，發現零售業的服務補救可分為下列十二種：

1. **提供折扣**：對商品折扣的提供，作為因疏失帶給顧客不便之補償。

2. **更正錯誤**：錯誤商品之更正、立即補救、或解釋政策等。

3. **上級解決**：上級幫助解決問題權。

4. **額外補償**：給予額外服務或補償。

5. **更換產品**：瑕疵商品予以更換。

6. **道歉**：向顧客賠不是。

7. **退還金額**：瑕疵商品可獲得退款。

8. **顧客自行更正**：向零售業者主動指出服務失誤。

9. **給予折讓**：給予顧客信用折扣。

10. **更正不滿意**：修復延宕、遭遇刁難。

11. **錯誤擴大**：不正確的修復、責難顧客，提供不正確的資訊。

12. **不予處理**：不作任何處置。

Bitner et al. (1994)以及Smith et al. (1999)等人將服務疏失簡單的分為兩類：結果(outcome)及過程(process)。

1. 結果

指實用性的疏失，即服務疏失發生在實際生產上的錯誤。在此疏失中，顧客並未完全得到其應得到的服務。

2. 過程

指象徵性的疏失，此疏失關係到顧客如何接受服務，所得到的態度是什麼。在這種疏失當中，顧客在接受服務的過程中感受到有一些不舒服的感覺等問題。

由於顧客的需求越來越多樣化，若要服務提供者完全不發生錯誤，或顧客沒有任何抱怨是不可能的，在現實上也的確是如此。因此，企業若能積極面對服務疏失，在服務疏失發生的第一時間，進行立即補救的處理，減少顧客的抱怨，才能確保顧客滿意與再購意願。如果顧客發生轉換的行為（換別家業者），對服務業者收益的影響是非常大的，企業應該避免此類情形發生，將傷害降至最低。

PART

4

三、服務補救的重要性

(一)服務補救對企業的影響

　　根據 TARP(Technical Assistance Research Program)1986年報告所顯示，當服務傳遞過程中發生疏失時，有96%的不滿意顧客不會提出抱怨且離開，而有90%的不滿意顧客會選擇轉至其他服務提供者消費，並且不滿意之顧客會將不滿意之經驗告知八至十位親友。而對服務不滿意之顧客會回來接受服務之顧客中，若抱怨的意見能馬上受到服務提供者之重視與解決，會有99%以上之顧客會再回來消費。以成本面來說明，企業為吸引一位顧客之成本是維持一位顧客之成本的五倍(Desatnick, 1988)，故服務補救之成本較開發新客源之成本為低。若企業不回應服務疏失後所產生之顧客抱怨，則有一半之顧客不會再度購買；若企業處理顧客抱怨且補償顧客因失誤之損失，而顧客滿意度會增加(Gary, 1992)。因此，企業做好服務補救之效用之大，不僅可維持原來之顧客，並且可以促使顧客再購，或建立良好的企業形象與口碑。

(二)服務補救對顧客滿意度的影響

　　Keaveney(1995)指出在服務業中，服務失誤是顧客轉換品牌的主因。在服務失誤發生後，服務提供者應立即採取服務補救之行動。因此，好的服務補救可減少顧客對服務提供者之抱怨及不滿，進而轉換成忠誠的顧客，並創造更好商譽。更甚者，服務提供者應有服務失誤之道歉與服務補救之準備，可隨時處理顧客抱怨與不滿，方能與競爭對手有相異之處(Kelley et al., 1994)。然而，最好的企業仍無法避免服務失誤之發生，服務補救是為了解決顧客在服務失誤發生後之抱怨，進而建立與顧客長期信賴之關係(Hart et al., 1990)。企業若能做好服務補救，以消弭顧客之不滿，反而顧客會再度購買，且滿意度會提高，進而產生更高之顧客忠程度(Gilly, 1987; Etzel et al., 1998)。因此，服務提供者應於服務失誤後，優先處理顧客抱怨且了解顧客之問題與需求，給予適當之服務補救。如此，顧客才會成為忠誠之顧客，與企業保持良好關係。

四、服務補救的策略

　　服務疏失可分為抱怨或不抱怨兩種。有抱怨就會希望有補償，補償方式有物質補償或精神補償，可能是給物品、金錢，或誠摯的認錯與道歉等，補償之後就會滿意。根據Tax和Brown(1998)的研究，顧客沒有公開抱怨的原因可能有五種：1.認為這件事不值得去抱怨，2.不知道可以抱怨，3.認為因抱怨所付出的時間、成本太大，4.認為抱怨會有不好的結果，5.認為對方不會有所回應。

　　補償行動不只彌補服務疏失的不滿，更可轉不利為有利，強化再惠顧與正面口碑宣傳。服務認錯與勇於認錯的準備，隨時處理顧客反應的服務補救，是有效差異化的重要途徑。基本上，顧客雖然不抱怨，但仍期望被補償。期望補償效果是很清楚、很快速，也是很明確的。Tax和Brown(1998)提出的期望補償原則為：

1. **補償要具備中立性**：即補償要符合資訊對稱性，亦即，期望獲得的補償是在平衡資訊下獲得的。

2. **補償要具備彈性**：即補償要個別化，也就是期望獲得個別性的補償，以獲得最大滿足。

3. **補償要具備實質效果**：即補償要考慮補償效果，期望補償效果要十分清楚、迅速，且明確具體化。

　　Tax and Brown(1998)也提出一個四步驟的服務補救程序(service quality recovery process)，如圖14-1所示，主要包含：1.確認服務疏失類型，2.解決顧客問題，3.溝通及分類服務疏失，4.整合與改善整體服務系統。因此，服務補救的做法，應是從確認服務疏失開始，進而解決顧客問題。不管是從整體改善來發展顧客忠誠度，或是從立即解決顧客問題來維持顧客忠誠度，皆一樣達到獲得利潤的目的。

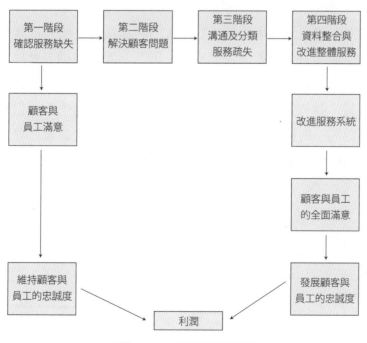

♥圖14-1、服務補救程序

資料來源：Tax, S.S. & S. W. Brown(1998), 'Recovering and Learning from Service Failure,' *Sloan Management Review*, Fall.

　　對消費者服務補救方式的研究，Conlon & Murray(1996)係將企業補救方式侷限在「企業解釋」上，共細分為六種補救方式：

1. 道歉。

2. 正當證明。

3. 找理由解釋。

4. 忽略或避免抱怨。

5. 道歉並加上正當證明。

6. 企業需要更多資訊才能處理抱怨。

　　Christo(1997) 以搭乘飛機的旅客作為對象，探討不同服務補救方式與顧客滿意度之關係，發現補救方式對顧客滿意度有一定影響程度，其中補救之回應時間與滿意度成負相關。其將服務方式分為三種：

1. 道歉。

2. 道歉並加上同等補償。

3. 道歉並加上超額補償。

　　服務提供者在服務疏失發生後應採取適當的服務補救，服務補救可減少顧客之不滿與抱怨，並減少顧客對企業產生負面反應。因此，服務提供者會投入服務補救之成本，以達到維持顧客關係之效果。顧客對企業所提供的服務未能達到期望值時，也可能產生不滿與抱怨，雖然失誤不一定是服務提供的一方所產生的，但管理者必須抱持著「顧客永遠是對的」的觀念，以建立良好的顧客關係。企業及服務人員必須針對個別需求給予有效的補救，才能為企業創造更大的利潤。

個案分析

正視問題並解決問題的服務失誤補救

有一團從歐洲來的經理人企業碩士班學生，到美國亞利桑那州鳳凰城的Ritz Carlton Hotel參加服務行銷之研討會。在晚間前往機場前，他們想前往在旅店的游泳池時，旅店人員禮貌地告訴他們游泳池區即將封閉，因為此區是用作晚間歡迎會、晚餐之準備。這些學生說：「在他們住在旅店期間，他們非常期待這個機會，能夠使用這項設施」，聽了他們的解釋，這位服務人員馬上請他們等候，讓他處理這個問題。不久之後，領班來了告知這些學生：「很遺憾，旅店的確即將要封閉整個游泳池區，有一部豪華轎車正等著你們，要載你們及行李到畢爾特摩旅店，你們可以隨意使用該旅店的游泳池區」。當然，使用這部高級轎車之費用由Ritz Carlton Hotel旅店支付。這一群人因解決方案而大受感動，他們對旅店的良好印象增進了許多。他們也口耳相傳了相當多的正面口碑。（註：麗池酒店，www.ritzcarlton.com）

問題與討論

1. 顧客抱怨與處理技巧，你認為最重要的是什麼？

2. 針對個案中的Ritz Carlton Hotel旅店，如果你是領班的話，你還有什麼辦法去排解這類疏失問題呢？

MEMO

CHAPTER 15

服務業創新

15-1　服務創新

15-2　服務創新發展方向

15-3　服務業經營創新模式

SERVICE
MANAGEMENT

在目前如此競爭的時代，只有「創新」，才是迎向未來的關鍵道路，商業模式的運作就像是知識的產生，必須經由持續性發現及尋找各種新創意的應用與服務模式，才可以跳脫既有的思維與運作，產生新的獲利來源。而經濟部也開始推行「協助服務業研究發展輔導計畫」，鼓勵服務業者持續創新研發，提升服務產業的附加價值。

15-1　服務創新

學者Higgins在1995年提出一個論點指出新事物產生的過程就叫做創新(invention)，且認為創新不論是對個人、群組、組織、產業甚至國家皆會產生豐富的價值與利益。因此，在本節首先探討創新的意涵，並接著說明服務創新的意涵，最後則提出服務創新的小結。

一、何謂創新

創新的觀念最早是由經濟學者熊彼得Schumpeter在1934年所提出來，他認為創新是驅動經濟成長的主要動力，並且認為創新可以產生創造性破壞(creative destruction)的效果。因此驅動產業技術的更新亦表示創新並不是獨立事件，也不會隨時間而平均分散，並認為創新會集中於某些產業及環境，並不會平均地分散於整個經濟系統。

Danneels和Kleinschmidt在2001年也提出，在新產品的效果方面，提出了整合性理論的新觀點。所提出的架構為，將產品創新之程度分成顧客及公司兩大構面。其中創新的屬性、風險、還有在已經建立的行為模式上的改變程度上，是將顧客的觀點對產品創新程度的重要考量；另外在新產品發展專案的合適性、對於環境熟悉度、以及技術與行銷方式，則是為用公司的立場對創新程度的重要考量指標。許士軍在1998年也提出組織每個單位都需要擁有研發的力量，不論是例行性的事物或突發性的事物都要有創新的動力，其主要方法在於知識與知識之間全面性的整合與應用。

廖偉伶則在2003年提出創新不應該只是新服務或新產品的開發成功，同時也需要有從小幅度到大幅度都能夠修正和改善既有的產品、服務和傳遞系統的所有創新活動。張瑩於2005年也說到創新就是依據技術的觀點及管理觀點為兩大準則，使其組織在創新活動中獲取一定競爭優勢的地位，其優勢可能會是新流程、新技術、新產品甚至是一個新策略。

Betz(1993)將創新分為三大類，如下：

1. **產品創新**(product innovation)：將新型態產品引進市場。

2. **程序創新**(procedure innovation)：將新生產技術程序引進市場。

3. **服務創新**(service innovation)：將新技術為基礎導向的服務介紹到市場中。

二、服務創新的意涵

Drucker(1985)認為創新是讓資源創造財富的新力量，是以完整和系統化的型式討論，且創新是可以透過學習與訓練而產生。他一方面強調系統化創新的必要，同時又提出創新的七個時機分別是：1.意料外的事件、2.不一致的情況、3.程序的需要、4.人口結構的變動、5.產業或市場結構突然的改變、6.認知、7.情緒以及意義上的改變與新知識。

Voss(1992)認為衡量服務創新可以分為三類，包含：品質衡量、財務衡量以及競爭力衡量，說明如下：

1. **品質衡量**(quality measures)：是指服務的結果優於競爭對手、服務的經驗比競爭對手好等。

2. **財務衡量**(financial measures)：是指降低成本、到達成本效率、獲得更高利潤等。

3. **競爭力衡量**(competitive measures)：是指帶給企業關鍵的競爭優勢、超越預估的市場占有率目標、超出預定的顧客成長率等。

接著Voss在1992年提出服務創新的流程圖如圖15-1，透過技術性的方式，取得市場需求的資訊，從而開始發展新的概念與創意，接著進行服務雛型(service prototype)的發展。通常企業內部會先進行服務雛型的測試，或是透過先讓顧客試用的方式再從中發現缺點與予修改，最後投入市場。新服務一旦投入市場之後，就必須進行持續不間斷的改善該服務的方式或流程，以方便下一個創新活動的構想與推出。

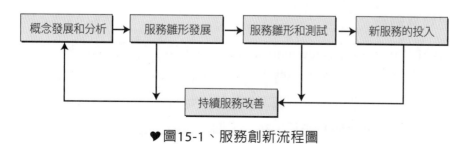

♥圖15-1、服務創新流程圖

資料來源：Voss (1992).

15-2　服務創新發展方向

在現代競爭激烈，資訊發達的時代裡，服務業的業界，普遍已接受一項事實，那便是：創新不保證成功，不創新就是死路一條。當別人已經上太空，而我們卻還在殺豬公的時候，已代表將遭淘汰的最終命運。

因此「創新」便是目前企業間皆認同的一種持續競爭優勢的關鍵，服務的創新有兩難，分別是：不創新就無法維持本身的競爭優勢，因而陷入困境，但另一方面服務的創新比較沒有技術的門檻，幾乎是一種純粹創意的展現，因此相當容易招到對手模仿，甚至突破超越。因此既然不得不創新，卻又害怕被模仿，那服務業者就應該要更積極、更具創意的尋找本身與其他對手的差異化在哪裡，以便甩開對手的糾纏。

現代人購物不只是在物品本身而已，更重要的是服務，服務不是單純指售後的服務，完整的服務是包含售前、售後兩方面。服務的定義是可以給客人什麼樣更好的產品以及更好的附加價值，一個產品本身能給的，我們可以用創新的方式去改變，而它能給的附加價值同樣也能經由服務的創新去提升和變化。

產品的服務要更好、更特殊，這樣的服務才能讓客人認同你的產品，而要如何更好、更特殊不是自己按照自己的想法去做，而是必須了解客人想要的是什麼。而客人想要的是會隨著時間在變化，可能需要的更好，但也可能需要更特殊，這就得要求自己不斷的傾聽客人需求，不斷的修改以及改變。

一、服務創新的種類

然而，何謂是新服務？該做到怎樣的程度才能算新呢？主要可以依據幾個不同的方向來觀察，服務行銷學者Lovelock認為，新服務可以根據其新穎的程度以及創新的方向，區分為下面八類：

（一）主要服務創新

主要服務創新(major service innovation)意指市場上前所未有的核心服務，過去並未有此項新服務之類似服務，對消費者來說是一種全新的服務感受。而通常服務的創新有不少的比例是與科技的進步有關，像是線上拍賣系統在網路還未普及的時代是不可能出現的，又或者是手機的普及，在三、四十年前誰會想到，電話可以帶在身上到處行走呢？

又如十幾年前，有誰可以想到一間普通的超商，裡面可以提供你不僅只是商品的購買，你還可以在一間小小的店面中完成文書影印、水電費、手機費用、違規罰款的繳納，想要運送快遞也有，想要代收貨品也可以，想聽演唱會、看場球賽也可以直接在超商內買到票券，這一切不管是7-11、全家他們都做到了。當我們還在傳統柑仔店的時候，又有誰可以想像服務的創新可以如此巨大呢？

（二）主要流程創新

主要流程創新(major process innovation)的意思是指，服務的本質（內容）不變，服務的整體流程卻大幅度的改變，也就是利用新的方法來傳遞既有的服務，通常流程的創新大部分都會伴隨著對使消費者受惠的額外利益。

例如網路大學的出現，使得住在偏遠地區的學生不需要在千里迢迢的前往學校本地學習，只需要透過網路就可以在家中線上學習，節省下了許多到外地唸書所需額外付出的成本。或者是網路ATM的出現，讓我們在家中就可以完成對匯款的程序，不需要特地跑到有提款機的地點，有時候在夜深人靜時，這樣的創新服務除了節省下銀行的行政與人事成本外，對於顧客的安全也多了一份保障。

（三）產品線延伸

產品線延伸(product-line extensions)指在現有的服務外，再增加其他服務，企業常常以這樣的方式來令原來的消費者有種耳目一新的感覺，但是這種方式通常沒有太高的技術門檻，因此容易遭受到同業的模仿。

就像是以前最早統一7-11超商推出御飯糰食品，而不到一個月就會發現全家、萊爾富都出現了跟御飯糰類似的產品甚至還改進推出壽司手捲等。又像手機業者亞太電信推出網內互打不用錢，而威寶電信也跟進同樣推出網內互打不用錢的優惠，甚至還以更低價格同樣服務的手段搶食亞太電信的市場。

（四）流程線延伸

流程線延伸(process-line extensions)則是與主要流程創新類似，但創新程度較低，通常是在服務的傳送方式上做改變，以使本身與其他同業之間做出差異化的服務。

例如傳統的名產像是大溪豆乾、萬巒豬腳、甚至是一些知名的蛋糕店，以往都必須是消費者要親至前往門市或產地才能購買的到，現在大部分都已經可以透過網路訂購，宅配的方式享受到各地的小吃名產，而不需要千里迢迢前往，只要在家就可以等著商品送達。

（五）附屬服務創新

附屬服務創新(supplementary-service innovations)是指大幅度的改善現有的附屬服務，或者是增加新的附屬服來襯托及強化核心服務。

像是在歡唱的KTV中大家可能都會為了助興而多喝幾杯，又或許有些人就不小心喝醉了無力開車回家，業者通常會有代叫計程車的服務，使消費者快樂的歡唱平安地回家這樣貼心的服務。又像是臺鐵的觀光列車中，不僅只有普通的座位車廂，更是增加了有專賣餐點的車廂以及讓乘客們可以盡情歡唱的卡拉OK車廂等；以及飯店、餐廳增加停車位等方式都是附屬服務創新的一種表現。

（六）服務改善

服務改善(service improvements)係在此七個項目中，最小程度的創新，不論是核心服務或是附屬服務，從原有的服務特性中改變，都可以歸納在此分類之中。

例如在早期的燒烤店中通常都沒有足夠的排煙設備，而現在大部分都在烤盤兩側就會有強力的抽風系統，使消費者不至於滿身油煙；又或者早期的電影院座椅都是木板椅面相當難坐也不舒適，現在也都改成沙發坐墊，還有新增可以擺設飲料的飲料杯座這些都是服務改善的表現。

（七）風格改變

風格改變(style changes)算是一種最簡單的創新類型，此方面的創新並不針對在核心服務或是附屬服務上，反而是注重一些有形的設備或是服務場所的外觀與服務人員的穿著。

例如以前的臺北銀行被富邦所併購，整個公司的招牌與員工穿著都做了相當大幅度的修改；又或者是餐廳的重新粉刷，個人名片的重新設計，針對特定節日做門市布置的修改等都是一種風格改變。

（八）顧客自創服務

上述的七個方向全部都是企業本身對於服務所做的改變與創新，卻沒有提及顧客是否有自行創新的能力，其實在核心服務的提供上也是可以由顧客自行決定。

例如臺塑王品牛排館，在排餐的安排上，並非像傳統餐廳皆為固定式的套餐組合，而是湯類有好幾種讓你選擇，然後前菜、沙拉、主菜、甜點、飲料，都可以隨自己的喜好而搭配出屬於自己的套餐菜色，這就是所謂的顧客自創服務。

二、新服務構想的來源

創新就是必須不斷的改善，企業間必須有著持續性、有方法且系統化的方式，不斷蒐集任何可以進行新服務改變的構想，才能產生差異化，不會在同業的競爭中遭到淘汰，而構想的主要來源包括以下五種：

（一）消費者

所謂的消費者就是整體服務的使用人，真正服務的品質、感受以及有何不足與需要改進之處，這些方面通常消費者本身的感受是最深，所以他們的建議通常都會是新服務構思的來源。

但這並非代表消費者的建議企業管理人員就必須全盤接受，而是必須要考量到現實狀況，以及整體的企業利益，再來統整整體消費者的感受，否則例如餐廳管理，所有的消費者都會給你想要免費吃到飽的建議，那這不是相當沒有建設性？所以這方面管理人員仍須相當的謹慎處理。

（二）企業內部

當服務人員與外界的消費者或是廠商接觸時，常常可能因為一些互動或是溝通而突然產生對於新服務的靈感，也因為這些服務人員是第一線與顧客接觸的管道，所以經常會有一些該如何改善服務品質的想法，這些對於公司內部新服務創新的構思來源皆有相當程度的重要性。

（三）競爭者

可以從競爭者他們所使用的服務手法或是對外所刊登的廣告、新聞稿、或是網路訊息來得知目前對手的競爭策略，並且從對手的競爭策略中為企業本身帶來新服務創新的靈感。

（四）供應商

通常供應商並不會只和一間企業合作，而他們合作的對象通常就是企業本身的競爭對手，因此從他們的身上觀察到的一些情報，像是消費者反應、競爭者情報與目前產業趨勢等，對於新服務的創新就有相當高的參考價值。

（五）研究機構

而在產學研究這方面，通常這些研究機構掌握相當多關於目前市場上的許多可靠數據，發表於學術刊物、專題報告、研討會、諮詢服務等各方面，而服務行銷人員也可從這些研究或是刊物的資料來獲得新服務構想的來源。

PART 4

三、提升創造力的方式

而在企業上構想的來源，常常可以借助不同的創造力技術來強化構想思緒的效果，這些技術種類相當多元，其中普遍的方式有以下幾種：

（一）腦力激盪法 (brain storming)

此法就是讓一群人針對某個議題在同一個環境下不受壓抑的互相討論提出想法，以不批評他人，想法越多越好，以及盡量從別人的想法中提出改善策略的方式來進行思考的一種方式。

（二）全新情境法 (new contexts)

此法即為想像一個新的情境，並且套用到平日的生活片段中或某個服務的使用情況之中，例如想像吃燒烤卻能處在時尚有如高級餐廳或是酒吧的環境之中；顧客便會感覺整體的用餐品質與傳統吵雜的燒烤店有所區別，而管理者開始將整體店面營造成有質感舒適的環境，並放著舒適的爵士音樂，消費者在令人舒適的用餐環境，必定會流連忘返。

（三）心智圖像法 (mind mapping)

此法比較類似接力賽跑的概念，先從某個議題開始，然後開始逐步的聯想，例如週年慶想到瘋狂購物，而又從瘋狂購物中聯想到消費者必須提著沉重的商品，又從沉重的商品中聯想到，還有太多物品想看卻因手中商品太多而必須放棄，最終提出幫消費者進行免費將購買物品運送到家的服務，在這樣的接力方式中去想出新的服務創新方法。

（四）屬性列舉法 (attribute listing)

這種方式則是先列出服務的屬性，然後針對每一層的屬性提出各種不同的改進方式，進而出現新的服務方式。例如KTV針對聲音控制的功能，加入罐頭掌聲增加歡唱結束時熱鬧的氣氛，或是加入自動接唱的功能，使每個人都可以變成歌王歌后，增加來店消費的娛樂性。

（五）強迫關係法 (forced relationships)

這是一種結合兩個或者是以上無關事物的方法，並且企圖從中尋找出新奇的構想。例如手機簡訊與小說故事，一般人或許從未想過當你在等公車或是等待飛機時，

於公車站牌下或是候機室中，利用手機簡訊看上一兩則感人的愛情小故事吧，而現在已經有電信業者將文學與通訊緊密的結合在一起。

（六）逆向假設分析法 (reverse assumption analysis)

這就是所謂的以叛逆的方式來進行分析的一種方法。例如誰說去餐廳吃飯就必須要坐著，殊不知在日本多的是為了把握用餐時間而必須站著吃飯的餐廳，而且還大受日本人的歡迎。又或者誰說旅館就一定要用來睡覺休息，難道不能將這私人的空間拿來舉辦派對嗎？

（七）結構分析法 (morphological analysis)

這種方法就是將產品或是服務的組成要素分解，然後再以另一種方式組合這些要素，產生前所未有的構想。例如早期的火鍋店其計價的方式是將個別不同種類的材料或菜色以每盤不同的價格進行販售，而現在出現許多吃到飽的火鍋餐廳則是將此一規則分解打通，以繳交一定的金額方式所有的食材可以隨意讓消費者食用。

15-3　服務業經營創新模式

一、臺灣服務業型態的轉變

隨著國民的平均所得日益提升以及資訊快速傳遞，使得民眾開始對於消費需求產生多元化與多變性的需要，尤其是對生活上服務之需求，不論是食衣住行更顯得迫切，不再只是以往的吃飽就好、穿暖就好，而是開始追求吃的好與穿的好看有品味。

因此在產業發展方面，也因為專業的分工可以帶來更高的經濟效益，所以，生產事業服務工作委外的比例越來越高，企業之服務需求也因此日益增加。在服務需求之大量且的快速提升下，促使我國服務業之產值亦顯著增長，依主計總處統計，2001~2022年，服務業占GDP比重已達60.78%。

臺灣現階段大部分企業發展策略已經開始由原本僅侷限在傳統製造主導，轉型至掌握民眾消費需求與企業服務需求之的服務至上型態，企業開始重視持續的研發創新及整合不同相關技術，來提供客戶整體解決方案，朝向客製化的方向邁進，並且將整個創新研發活動推及整個產業價值鏈。

PART
4

二、服務業創新模式

企業競爭日漸激烈,一般企業能夠在市場上存活發展的最有效方式,除了依靠技術研發新的產品外,其次就是經營創新能力。企業經營創新方法之論述,最早於1912年由德國經濟學者熊彼德(J. Schumpeter)提出創新定義,並於1934 年提出創新的分類,其評定創新的五種基準為:1.新產品、2.新生產流程、3.新市場之開拓、4.原料及半成品創造新的供應來源、5.建立獨占或打破獨占。此創新觀念一提出後,便馬上引起學術界與企業界的高度重視,且成為企業與國家競爭力提升的主要利器。

服務業的創新理論,則以Rob Bilderbeek與Pim Den Hertog等學者於1998年8月發表的 'Services in Innovation: Knowledge Intensive Business Services(KIBS) as co-producers of Innovation.' 最具代表性,其創新的架構必須包含四個構面分別為:1.新的服務概念(new service concept)、2.新的客戶介面(new client interface)、3.新的服務傳遞系統(new service delivery system),及4.技術選項(technological options),此四種構面的關係模型如圖15-2:

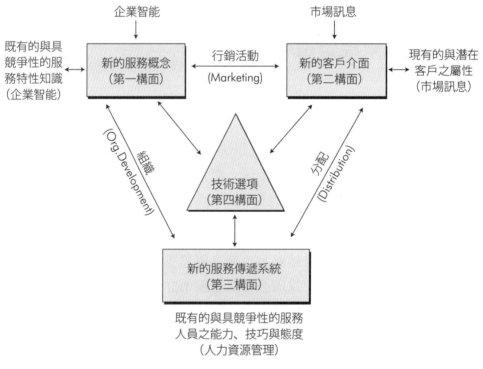

♥圖15-2、服務創新四大構面圖

（一）新的服務概念

製造業的創新，像是推出新產品或新的生產方式是非常具體明顯可以看出的，然而服務的創新方式，有的是明顯可見的（如物流運送、ATM等），但是有些則是是抽象的，像是一種感覺或特別的約定，例如：構想、觀念及問題的解決方式等。

有些概念可能在某一市場或行業已經被普遍採用，但是在某些市場或行業還是屬於新的概念，或是將某些服務項目給予重新組合以新的形態推出。就像是傳統的柑仔店，被統一7-11超商幾乎全面取代一樣，這一切皆需仰賴企業內的新服務研發團隊來引發。服務概念創新與其他三個構面有相當緊密的啟發性與關連性，例如：各種概念之執行必須仰賴電腦與科技來支援執行，並且藉此引導出創造新服務流程的方法，同時將客戶納入於這服務供應流程中。服務概念創新的實例如：送貨到府之宅配服務、金融保險公司幫客戶利用理財方法（如儲蓄、購買保險、基金等）來避稅的方法、人力派遣公司短期派工服務、電子商務之規劃運用等。

（二）新的客戶介面

將企業之服務創新概念，是針對目前客戶或潛在客戶的需求特性，透過行銷活動安排就像是，客戶服務的選擇、客製化服務、售後服務支援、宅配等，來呈現服務內容。其中部分運用到IT的支援例如，ATM、會計帳務管理、客戶資料管理、訂單處理等。但並非所有的創新皆需要依靠IT技術，有些大型運輸業運用到先進通訊GPS系統，但是有些行業的宅配，仍使用傳統的電話或手機。但無法避免的是隨著科技越來越進步，IT的運用領域絕對會越來越廣，使用依賴度會越來越高。

新的客戶介面的例子像是：網路銀行以及ATM使用，已經大幅減輕銀行櫃員的業務量，除了使客戶更方便外也減少了銀行的經營成本。利用Call Center提供客戶服務、Electronic Data Interchange（EDI，電子資料交換）之使用，大量節省書面文件之重複傳遞與避免發生錯誤也能夠符合現代重視環保的潮流等。

（三）新的服務傳遞系統

要讓新的服務能夠成功傳遞，必須經過組織的安排與訓練，激發員工的潛能，使員工們更有能力去提供創新服務，以便執行與傳遞更為正確的服務。有時候新的服務是需要新的組織型態，以及人與人之間的溝通能力與技巧的加強，以創造新的服務傳遞系統。在服務傳遞系統創新方面，一方面必須建立標準化管理，取得顧客的期待與信賴。另一方面卻又希望員工能顯現創新的能力，例如連鎖服務系統都需要擬定一套

標準作業流程，要求各分單位確實依照執行，並且提供標準品質的產品給客戶，以取得客戶的信任，特別是在專業服務如廣告、電腦服務及設計等，則需要員工的潛力以產生創新。

（四）技術選項

所謂的技術並不一定是服務創新的必要選項，如超市與自助式餐廳等並不需要高科技的使用，它只需要使用到購物推車、倉儲系統或烹飪工具、慎選食材等。但在實務上，現代化的服務創新與科技卻是有非常密切的關聯性，藉由技術的提升或科技的使用，大部分都可以提高服務品質及明顯提升服務的效率。

有些技術在服務功能上相當具有說服力，例如IT經常被服務業使用為技術改良的工具，所以IT投資是創新的主要來源。新科技技術運用於創新服務的例子如：ATM、網路銀行、GPS、RFID、物流倉儲管理系統、MIS系統等。

三、政府推動服務創新的方法

我國服務業的產值至今已占全國GDP的比重達七成，服務業就業人口比重也接近六成，服務業已經成為臺灣產業發展的主力，因此未來我國整體經濟若要持續向前發展，必須要依靠服務業及其生產力的加速持續成長。在眾多可使服務業進行成長的作法裡，「服務創新」是一項重要的途徑，因此對政府而言，如何透過政策促使業者進行創新的行為，將會是服務業發展政策中相當重要的指標之一。服務業創新的政策，往往會隨著對服務業的發展程度而演變，過去政府以產業為主體，推動所謂「研發服務產業推動計畫」，補助產業技術研究發展。具有前瞻性或示範性的知識創造、流通及加值等核心的知識服務平臺與模式，然後再擴展至策略性服務業，著重於創新與新科技技術上應用，尤其以科技化服務業為主，如金融、流通、醫療、數位內容、資訊服務等領域，鼓勵廠商進行科技含量高之創新商業模式研究，以帶動商機。

政府已從1999年開始推動我國服務業的創新發展，其重要政策及其發展狀況，敘述如下：

→ 表15-1　我國服務業創新發展表

時間	方案內容
1999年	經濟部技術處「鼓勵中小企業開發新技術推動計畫或小型企業創新研發計畫(SBIR)」，鼓勵中小企業從事技術、產品研發與創新，來強化競爭力為主要方向。
2001年	「新興重要策略性產業屬於製造業及技術服務業部分獎勵辦法」修正案，將「智慧財產技術服務」及「研發服務」納入新興重要性產業，享有五年免稅或股東投資抵減優惠。
2002年	「挑戰2008年國家發展重點計畫」產業高值化項目中，明示將發展新興服務業。
2003年	「推動臺灣策略性服務業」會議，接2010年策略性服務業的願景為「結合市場與科技，發展有特色的世界級服務業」。
2004年	經濟部技術處將「研發服務產業推動計畫」擴大為「策略性服務導向業界科專計畫」。並於「鼓勵中小企業開發新技術推動計畫」(SBIR)中積極推動。
2005年	經濟部技術處「創新服務業界科專計畫」。
2006年	經濟部商業司「協助服務業研究發展輔導計畫」。
2008年	經濟部技術處「創新科技應用與服務計畫」。
2009年	經濟部工業局功能性專案輔導計畫－推動知識服務業發展，扶植國內技術服務機構，鼓勵申請技術服務能量之登錄，成為技術服務單位，協助產業進行研發創新、品質提升、創意設計、品牌行銷及升級轉型等產業知識化工作。
2009年	工研院成立「服務業科技應用中心」，針對服務業提供科技整合、技術加值及創新商業模式等服務；資策會亦投入「創新資訊應用計畫」，以探索創新資訊解決方案；ITIS產業技術知識服務計畫也朝服務業領域進行研究，以期帶動國內新興服務業之發展。

如何以設計驅動品牌創新？全家便利商店「三年品牌工程」：把設計當成需要投資的武器

　　從差異化出發，到品牌一致性的展現，全家便利商店推動了為期三年的品牌工程，與設計師共同規劃品牌個性與定位，為消費者帶來全新的便利商店消費體驗。

　　品牌轉型，事關重大，它面向外在環境的變化、市場的需求，以及品牌以什麼樣的姿態闡述「我是誰」、「我在意什麼」以及「我要往哪裡去」。疫後之年，世界面臨重整，傳統產業紛紛從裡到外展開自我的檢視，尤以零售為主戰場的便利商店更為明顯。根據2023年東方線上調查，便利商店常客消費頻率已經來到平均5.35次，突破疫情前的5.27次，顯示民眾對於便利商店的依賴與需求持續增長，如何為顧客提供更好的產品、更具風格的服務成為未來發展的重點之一。

　　從線下到線上，再從線上到線下，消費者對於不同產品的需求與期待隨著生活方式轉變，而有了新的定義，設計在整個品牌轉型的過程中，不再只起到「傳達」的作用，而更能從策略面向出發，透過釐清且定義問題，為品牌整體帶來更本質性的轉變。「現在的便利商店就像一個『變形蟲』，除了方便之外，更發展出許多差異化的服務與商品型態，在疫情催化之下透過虛實整合的多管道發展，滿足各種消費者，不同使用時機和情境的購買。」全家便利商店商品本部副本部長陳菀揚表示，以發展差異化商品為品牌改造的出發點，全家在近三年更加積極地投入品牌化改造工程，推出各種安心安全、美味至上的獨家產品。

設計作為解決問題的方法，如何策動傳統產業的轉型？

　　設計跟商業之間究竟存在什麼樣的關係，它很難用"1+1"必定等於"2"這樣簡單、線性的恆等式來去定義。以便利商店市場為例，在臺灣，便利商店一直處於大者恆大的壟斷性競爭狀態，7-11以店數的優勢鋪天蓋地地包圍城市，讓「近距離」與「即時的服務」成為它最大的優勢，在這樣的競爭狀態下，後繼者該如何與其區隔、創造突破點，便成了最大的難題。

　　在這樣的前提下，全家便利商店於內外積極推動品牌改造，從自有霜淇淋品牌"Fami!ce"、到全家選品系列"FamiCollection"、全新甜點品牌"minimore"，義大利麵品牌"uno pasta"、囊括各類型主打飯糰的「金飯糰」、全家精選保健商品推廣平臺"FamiCare"、以蔬食生活為核心的全新品牌「植覺生活」，以及由全家咖啡品牌Let's Café 衍生出來的獨立品牌概念店"Let's Café PLUS"，三年期間，八大品

牌工程,從下而上的品牌改造自此改變了內(員工)外(消費者)對全家便利商店的印象。

「一直以來,便利商店強調的都是『便利』,包括時間的便利、商品的便利、服務據點的便利、支付的便利,然而,當大家都便利的時候,就必須要去思考:你的差異性是什麼?」陳菀揚表示,以商品作為武器,從產品升級、品牌再造到透過一致性的形象呈現、並且貫穿至店內賣場、落地到第一線同仁的販售推廣,建立更有別於以往的便利商店式生活風格,「我們希望突破內部觀點,與外部設計團隊合作,協助我們進行整合。」

這一連串的行動意味著企業揣著品牌的思維,將「設計」上綱到策略層級,創造「由裡至外」一致性的溝通。作為全家便利商店長期合作的設計師,IF OFFICE 創辦人暨創意總監馮宇指出:「我認為好的設計,背後應該要有一個但書,那就是它能否創造價值,而這個『價值』體現於品牌,就是所謂的『品牌影響力』。」

隨著消費者型態界線更加「模糊化」,便利商店的競爭對手不再只限於超商(CVS),包括外送服務平臺也因其便利性,成為超商的潛在競爭者。因此,便利商店的經營思維更應跳脫「超商」的框架,在各類別追求媲美「專賣店」品質的商品也成了基本盤,這也是為什麼全家在近年來積極地以「三年品牌工程」加速獨家商品的品牌化。以全家在 2022 年推出的全新義大利麵品牌 "uno pasta" 為例,便是希望透過產品的升級,以及設計的轉譯,打造出具備差異化競爭優勢的產品,同時傳遞一種以輕奢方式善待自己的生活態度。

品牌的目的,除了創造差異化的銷售體驗之外,也是為了讓產品發展更有「指標化」,使後續無論行銷、商品持續研發,以及營業端的銷售都得以遵循,創造整體性的感受。以2023年全家攜手究方社推出蔬食品牌「植覺生活」為例,從品牌名稱、Slogan、主視覺、Logo 到包裝設計皆有著相當扣合品牌精神的設計,同時在取名、圖像構思及陳列設計上,都附有巧思。

馮宇指出,一個品牌的全方位轉型,「設計」在此其中能夠做到不外乎「內」與「外」兩件事:首先,設計師可以協助企業制訂未來戰略方向,包括釐清所在產業的趨勢變化,看準其競爭優勢,提供永續經營的解方;其二,透過分析以上條件,從產品及企劃兩方面思考,從中找出該企業的「立業」精神作為武器或籌碼,最後再透過恰如其分的設計,發展新的切入點,甚至是創造全新的商業模式。

從差異化出發,到品牌一致性的展現,全家便利商店以「三年品牌工程」為核心,一步一腳印地做到「要深植消費者的並不僅是Logo或標語,而是記得品牌的精神」。

陳菀揚認為：「品牌與設計比較難直接連結到銷售來做直接檢視，但是持續累積能加深印象」，因此，全家利用便利商店「高滲透率」的特性，積極擴展當代消費者的生活層面，並且確保品牌具備「與時俱進的共感」，並同時保留「街邊巷口熟悉的滋味」，兩相調和之下才有機會在新舊之間取得平衡，融會貫通出一個全新的品牌形象。

陳菀揚補充：「品牌需要慢慢堆疊，它很難瞬間成功，對於我們內部團隊而言，每一個產品支線有自己的品牌主張，也是我們能做到一致化且持續溝通的起點。」消費者聞品牌精神而來，內部行銷團隊依品牌主張推廣，久而久之形成一個正向的閉環。

設計不只是視覺，而是帶動感受的魔法

事實上，全家的品牌工程並非只是掛新 Logo、改新包裝的「拉皮」，而是從最源頭的消費者需求進行外部檢視和內部檢討，這個動輒產品「根本」的改造，對於一個歷時35年的資深通路品牌而言，實屬不易。經歷幾次品牌重塑專案，可以觀察到，全家更確信了發展「差異化自有商品」可以為品牌帶來的突破性和成長性，更將成功經驗持續複製於各個品類上，並跨界與不同專長的設計團隊合作。

「透過與不同設計師合作，納入各種品牌思維及設計觀點，協助我們以第三方視角打造貫穿全家核心精神，又各自獨具風格的子品牌。」掌管全家便利商店整合行銷布局的陳菀揚將整個「品牌改造過程」分為產品及設計兩方面來談，首先，在產品方面，全家從食材、工法製程、產品設計到定價全面革新。

同時，秉持著「設計不是支出，是投資」的理念，在設計方面，全家持續與設計師共同規劃品牌個性與定位，並將其反映到 Logo VI、包裝設計、主視覺，進而延伸至店鋪氛圍塑造，以及廣告製作、傳播策略和創意執行，同時也將線上平臺推廣、支付優惠與會員經營涵蓋其中。在專案推進過程中，全家捲動了所有的相關單位與廠商團隊參與分工，帶動了所有關係人對於重點戰略品類的推動意識與革新。

從「便利」走到「美味加值」，這一條路全家走了10年，迄今已打造出近30款億元級鮮食明星單品，包含年銷1.7億杯的Let's Café、年銷2,300萬個匠土司、與網紅金針菇自創品牌金家ㄟ聯名熱銷750萬顆的「金飯糰」大飯糰系列等。

企業轉型、品牌再造，其目標與初衷因人而異，全家作為一個資深的便利商店品牌，展望未來，「通路面向的就是消費者需要的東西，我們希望每一個商品品類，都可以變成一個厲害的專賣店」，全家率先在便利商店的場域提出「專賣店」的概念，同時也開展了便利商店「店型」未來更多的可能性，陳菀揚表示：「做品牌就像是磨水泥，會越磨越堅固，越堆疊越高。到了一定的時間點，全家也會開始考慮針對同品項品牌來進行收攏，用更宏觀的視角與消費者溝通，找到品牌與品牌之間的公約數。」

　　由點到面，再由面到點；從小而大，亦從大至小，品牌的哲學包羅萬象，站在設計的角度，永遠是理性思考包裹著感性的故事，馮宇指出：「設計是透過明顯的符號、感性的記憶來為品牌加值。它所包含的是一個整體的感受，包括服務的品質、店面陳列、裝潢、氣味、店員的特質、產品的體驗，這是便利商店如何創造一個國民共同記憶的方式與細節。」品牌以全局訴說一個完整的故事，設計從細節傳遞細微的感受，最終兩相調和之下，為企業所創造的，是融合有形與無形的未來價值。

資料來源: 採訪撰文盧奕昕，https://www.shoppingdesign.com.tw/post/view/9840?

問題 與 討論

1. 請論述個案中的全家便利商店與其他便利商店有何不同之處。

2. 在此服務業百家爭鳴的時代，請從網路或其他資訊管道找出相關服務業創新的案例，比較他們與傳統服務業有何不同，並提出分享。

MEMO

 參考文獻　　　　　　　　　　References

Chapter 01

一、中文書目

1. 王長興(2006)，兩岸資訊廠商組織學習、六標準差活動與服務品質關係之研究，大葉大學國際企業管理學系碩士論文。

2. 陳美文(2004)，圖書館服務品質對使用者滿意度與再使用意願之研究：以大葉大學為例，大葉大學資訊管理學系碩士論文。

3. 陳琬琪(2003)，進入策略、成長策略與經營績效關係之研究：以臺商連鎖服務業進入中國大陸觀點分析，中原大學企業管理學系碩士論文。

4. 陳志龍(2005)，服務業組織創新擴散模式之研究，崑山科技大學企業管理研究所碩士論文。

5. 藍庭正(2004)，基層服務機關民眾滿意度評量模式暨服務品質關鍵因素之研究：以臺南市為例，國立成功大學管理學院高階管理碩士在職專班(EMBA)碩士論文。

6. 衛南陽(2001)，服務競爭優勢：探索永續經營的奧秘，臺北：商兆文化。

7. 徐堅白(2000)，俱樂部的經營管理，臺北：揚智文化。

8. 薄喬萍、黃經編著(2001)，服務業管理，臺北：永大出版社。

9. 詹德松編著(1997)，經濟統計指標：兼述政府統計實務，臺北：華泰文化事業。

10. 郭崑謨(1988)，企業概論，臺北：華泰書局。

11. 美國行銷協會(1960)，*Marketing Definitions, A Glossary of Marketing Association*, Chicago: A merican Marketing Association, p.21。

12. 張建豪(2002)，服務業管理，臺北：揚智出版社。

13. 楊錦洲(2001)，顧客服務創新價值，臺北：中衛發展中心。

二、英文書目

1. Hirsch, 1988, *The dictionary of cultural literacy: What every American needs to know*, Boston: Houghton-Mifflin.

2. Levitt, Theodore, 1972, 'Production: Line Approach to Service', *Harvard Business Review, Vol.50*, pp.41~52.

3. Lovelock, Christopher H., 1986, 'Classifying services to gain strategic marketing insights', *Journal of Marketing*, Vol.47, pp.9~20.

4. Murdick, Robert. G., Render Barry & Russel Roberta S., 1990, *Service Operations Management*, Allyn and Bacon Inc, p.4.

5. Philip Kotler, 1991, *Marketing Management*, Prentice Hall.

6. Regan, W. J, 1963, 'The service revolution', *Journal of Marketing*, Vol.27, pp.32~36.

三、網址

1. CSI臺灣服務業聯網，http://www.twcsi.org.tw/

2. 臺灣資訊服務業商情網，http://www.timglobe.com.tw/group/application/hansy/index.php

3. 工商時報，https://www.chinatimes.com/newspapers

Chapter 02

一、中文書目

1. 以創新及科技應用提升我國服務業國際競爭力之研究(2008)，行政院經濟建設委員會。
2. 重點服務業人才供需調查與推估初步成果(2008)，經建會人力規劃處。
3. 商業服務業將成中國經濟未來主角(2009)，人民網：《市場報》。

二、網站

1. CSI臺灣服務業聯網，http://twcsi.org.tw
2. IEK產業情報網，http://ieknet.itri.org.tw/
3. 工研院服務業科技應用中心，http://itri.org.tw/chi/service/tcsi/index.asp
4. 臺灣金融服務業發展趨勢分析，Taiwantrade臺灣經貿網，http://www.taiwantrade.com.tw/
5. 臺灣經濟研究院，http://idac.tier.org.tw
6. 行政院主計處總體經濟資料庫，http://nplbudget.ly.gov.tw/aremos.htm
7. 資策會，http://www.iii.org.tw/
8. 產經消息，https://investtaiwan.nat.gov.tw

Chapter 03

一、中文書目

1. 陳澤義(2006)，服務管理二版，華泰文化事業股份有限公司。
2. James A. Fitzsimmons, Mona J. Fitzsimmons(2005)，服務管理，美商麥格羅.希爾國際股份有限公司，臺灣分公司。
3. 張文豪(2001)，顧客服務中心類型與顧客關係管理策略之關聯性研究：以服務業為例，中原大學企業管理學系碩士學位論文。

4. 陳世雄(2008)，服務業管理，瀚學數位影印輸出中心。
5. Johnny Lin(2006)，服務業聖經，我識出版集團：易富文化有限公司。
6. 國立政治大學編著(2008)，服務管理個案，第四輯，智勝文化事業有限公司。
7. 陳有川(2008)，服務業行銷與管理，鼎茂圖書出版股份有限公司。
8. 鄭紹成(2007)，服務行銷與管理，雙葉書廊有限公司。
9. 曾光華(2009)，服務業行銷與管理，前程文化事業有限公司。

二、英文書目

1. Reichheld and Sasser, 1990, 'Zero Defection: Quality Comes to Services', *Harvard Business Review*, Vol.68, pp.105~111.

Chapter 04

一、中文書目

1. 行政院勞委會職訓局，人力資源管理手冊人力資本與發展。
2. 蔡宗霖(2004)，電子會議系統中衝突管理協調機制之研究，中華大學資訊管理學系碩士論文。
3. 曹佳琪(2009)，國小教師面對學童間同儕衝突處理之研究，國立臺北教育大學社會科教育學系碩士論文。
4. 朱元祥(2001)，衝突管理策略分析，教育研究月刊，第83期。
5. 李長貴(2007)，人力資源管理：增強組織的生產力與競爭優勢，華泰文化。
6. 曾光榮等著(2009)，人力資源管理：新時代的角色與挑戰，前程文化。
7. 伍忠賢、黃廷合(2005)，服務業管理：個案分析，全華科技。

8. 陳澤義(2009)，服務業行銷（二版），華泰文化。

9. 黃淑蘭(2008)，企業金融中心授信人員招募遴選與績效評估-以個案C銀行為例，元智大學管理研究所碩士論文。

10. 莊銘中(2006)，臺北市國際觀光旅館基層人員招募策略之研究，淡江大學企管所碩士論文。

11. 謝漢唐(2008)，國際化環境不確定性對企業人員招募與績效考核關係之研究：以在中國大陸投資之臺商高科技產業為例，銘傳大學國際事務研究所碩士論文。

12. 蕭閎謙(2004)，團隊衝突、集體效能與團隊績效之關係研究：衝突管理與目標導向之調節效果，東吳大學企管所碩士論文。

13. 黃同圳、許宏明(1995)，高科技產業的教育訓練制度與組織績效之關聯性研究，科技管理學刊，第一卷，第一期，頁57~83。

二、英文書目

1. Bowen and Lawler, 1995, 'Human Resource Management and Industrial Relations Reprint', *American Psychologist*, Vol.36, pp.73~84.

2. Brooks, 1994, 'A Review of Cross-Cultural Research on Human Resource Development', *Human Resource Development Quarterly*, Vol.5, No.1, pp.55~74.

Chapter 05

一、中文書目

1. 中國生產力中心全面品質管理組，全面品質保證手冊(1992)，臺北：中國生產力中心，頁3~7。

2. 石川馨(1982)，日本式品質管制中譯本，和昌出版社。

3. 林燈燦(2009)，服務品質管理，五南出版社。

4. 何餘雄(1992)，ISO 9000品保認證暨企業內部管理實務，臺華工商出版。

5. 楊錦洲(2009)，服務品質：從學理到應用，華泰文化出版。

6. 劉麗文(2001)，服務業營運管理，五南出版社。

7. 張健豪、袁淑娟(2002)，服務業管理，揚智出版社。

8. 黃猷翔(2009)，汽車長期租賃之服務品質與再續約意願影響研究：以某公司客群為例，大同大學資訊經營研究所碩士論文。

9. 馮瑞玉(2002)，服務業品質管理系統之構建與實證研究，中原大學工業工程學系碩士班碩士論文。

二、英文書目

1. A.Parasuraman, V.A. Zeitthaml, and L. Berry, 1985, 'A conceptual model of service quality and its implications for future research,' *Journal of Marketing*, Vol.49, p.48.

2. Benshid, F., & Elshennawy, A. K., 1989, 'Definition Service Quality Is Diffcult For Service & Manufacturing Firm', Industrial Engineering, Vol.21, 65~67.

3. Bitner, 1990, 'Evaluating Service Encounters: The Effects of Physical Surroundings and Employee Responses', Journal of Marketing, Vol.54(April), p.71.

4. Crosby, 1979, *Quality is Free: The Art of Making Quality Certain*, New York McGraw-Hill Book Co.

5. Deming, 1982, W. E., *Quality, Productivity, and Competitive Position*, Cambridge: Massachusetts Institute of

Technology, Center for Advanced Engineering Study.

6. Dr. Kaoru Lshikawa, 1984, *Quality Control Circles at Work: Cases From Japan's Manufacturing and Service Sectors*.

7. Garrin, D.A.,1983, 'Quality on the Line', *Harvard Business Review*, pp.65~73.

8. Garvin, 1984, 'What Does Product Quality Really Mean ?', *Sloan Management Review*, Vol.26, pp.25~43.

9. Levitt, Theodore, 1972, 'Production: Line Approach to Service', *Harvard Business Review*, Vol.50, pp.41~52.

10. Murdick, Robert. G., Render Barry & Russel Roberta S., 1990, *Service Operations Management*, Allyn and Bacon Inc., p.4.

11. Olshavsky, 1985, 'Perceived Quality in Consumer Decision Making: An Integrated Theoretical Persective', in *Perceived Quailty*, Jacoby, J. Olson, eds. Lexington, MA: Lexington Books, pp.3~29.

12. Parasuraman, Zeithaml, & Berry, 1988, 'SERVQUAL: A multiple item scale for measuring consumer perceptions of service quality,' *Journal of Retailing*, Vol.64, pp.12~40.

13. Zethaml, 1985, 'A Concept Model of Service Quality and Its Implications for Measuring Service Quality: A comparative assessment based on psychometric and diagnostic criteria', *Jorunal of Retailing*, Vol.70(Autumn), pp.201~230.

Chapter 06

一、中文書目

1. 黃培鈺(2004)，企業倫理學：企業倫理研究與教育，新文京開發出版股份有限公司。

2. 林有土(1995)，倫理的新趨向，臺北：臺灣商務印書館。

3. 朱延智(2009)，企業倫理，五南圖書出版股份有限公司。

4. 楊政學(2006)，企業倫理，揚智文化。

5. 黎正中(2008)，企業倫理：倫理決策訂定與案例，華泰文化事業股份有限公司。

6. 吳成豐(1998)，臺灣中小型與大型服務業人員的企業倫理觀與決策考量因素差異之探討，中華管理評論Vol.1，No.2。

7. 高希均(2004)，事業雄心應植於企業倫理。收錄於李克特、馬家敏原編，企業全面品德管理，天下文化。

8. 翁崇雄(1989)，提升服務品質策略之研究，臺大管理論叢，第二卷，第一期，頁41~81。

9. 吳岱儒(1992)，從醫院管理者的角度來探討提昇醫院功能性服務品質：以臺大醫院為例，國立臺灣大學商學研究所碩士論文。

10. 翁承泰(1991)，醫院住院服務品質之實證研究：以兩家教學醫院骨科為例，國立臺灣大學商學研究所碩士論文。

二、英文書目

1. Beauchamp, Tom L. and Norman E. Bowie, 1983, *Ethical Theory and Business*.2nd ed., Prentice Hall, Inc., Englewood Cliffs, N.J.

2. Connolly, J., & Viswesvaran, C., 2000, 'The role of affectivity in job satisfaction: a meta-analysis,'

Personality and Individual Differences, Vol.29, pp.265~281.

3. Hunt, Shelby D. and Scott J. Vitell, 1986, 'A General Theory of Marketing Ethics,' Journal of Macromarketing, Vol.6(Spring), pp.5~16.

4. Istock, Verence G., 1995, 'Betting with the Banks,' Executive Speches, Vol.9, No.3, pp.3~6.

5. Joseph, Jacob & Deshpande, Satish P., 1997, 'The Impact of Ethical Climate on Job Satisfaction of Nurses,' Health Care Management Review, Vol.22, No.1, pp.76~81.

6. Jones, T.M., 1991, 'Ethical Decision Making by Individuals in Organizations: An Issue-Contingent Model', Academy of Management Review, Vol.16, Issue No.2, pp.366~395.

7. Joseph W. Mcguire, 1963, Business and Society, New York: Mcgran Hill, p.144.

8. Keith, Davis & Robert L. Bloomstrom, 1975, Business and Society: Environment and Responsibility, 3rd ed., New York: McGraw Hill.

9. Kotler, P. & G. Armstrong, 1997, Principles of Marketing, 7th ed., Prentice Hall, p.149.

10. Kraft, Kenneth L., 1991, 'The Relative Organizational Effecticeness: Managers from Two Service Industries,' Journal of Business Ethics, Vol.10, No.7, pp.485~491.

11. Mckenna, Steve, 1990, 'The Business Ethics in Public Sector Catering,' Service Industries Journal, Vol.10, No.2, pp.377~398.

12. Panko, Ron, 1997, 'Home delivery,' Best's Review, Vol.98, No.1, pp.60~63.

13. Paluszek, J. L., 1976, Business and Society. NY: AMACOM.

14. Singhapakdi, A. and S. J. Vitell, 1990, 'Marketing Ethics: Factors Influencing Perceptions of Ethical Problems and Alternatives,' Journal of Macromarketing, Vol.12 (Spring), pp.4~18.

15. Solberg, Joseph; Strong, Kelly C. & McGuire, Charles Jr., 1995, 'Living not Learning Ethics,' Journal of Business Ethics, Vol.14, No.1, pp.71~81.

三、網站

1. 中華民國消基會，https://www.consumers.org.tw

Chapter 07

一、中文書目

1. 鄭紹成(2007)，服務行銷與管理，雙葉書廊。

2. 朱延智(2009)，企業倫理，五南圖書。

Chapter 08

一、中文書目

1. 曾光華(2009)，服務業行銷與管理：品質提升與價值創造，前程文化。

2. 郭思妤、吳亞穎(2009)，服務業行銷，東華。

3. 陳有川(2009)，服務業行銷與管理，鼎茂。

4. 高慧雯(2001)，第三代行動通訊之服務與定價模式探討，政治大學企業管理學系碩士論文。

5. 郭思忻(2002)，線上影音視訊產業之競爭模式分析，政治大學財金系碩士論文。

6. 黃信華(2006)，應用作業基礎成本分析改善物流服務定價之研究：以T公司居家修繕物流中心個案為例，國立交通大學管理學院碩士論文。

7. 龐珍珍(2005)，臺灣3G行動電話數位內容服務定價模式評選之研究：模糊理論的應用，銘傳大學傳播管理研究所碩士論文。

8. 嚴仁鴻(2006)，網路電話「Skype」以新產品免費訂價策略進入市場之關鍵性成功因素研究，吳鳳學報，第14期，頁109~128。

二、英文書目

1. Crane, F. G., 1991, 'Customers' attitudes towards advertising: a Canadian perspective', *International Journal of Advertising*, Vol.10, pp.111~116.

2. Jeong, M. and Lambert, C., 2001, 'Adaptation of an information quality framework to measure customers' behavioral intentions to use lodging websites', *International Journal of Hospitality Management*, Vol.20, No.2, pp.129~146.

3. Rao, A. R. and Monroe, K. B., 1989, 'The effect of price, brand name, and store name on buyer's perceptions of product quality: An integrative review', *Journal of Marketing Research*, Vol.26, pp.351~357.

4. Zeithaml, V. A. and Bither, M. J., 1996, *Service Marketing*, New York: Mc Graw-Hill.

三、網站

1. 交通部觀光局，https://www.taiwan.net.tw/

2. 電子商務時報，https://www.ectimes.org.tw/

Chapter 09

一、中文書目

1. 李仁芳(2005)，7-11統一超商縱橫臺灣厚基組織論，遠流。

2. 陳美文(2004)，圖書館服務品質對使用者滿意度與再使用意願之研究—以大葉大學為例，大葉大學資訊管理學系碩士論文。

3. 陳琬琪(2003)，進入策略、成長策略與經營績效關係之研究：以臺商連鎖服務業進入中國大陸觀點分析，中原大學企業管理學系碩士論文。

4. 陳志龍(2005)，服務業組織創新擴散模式之研究，崑山科技大學企業管理研究所碩士論文。

5. 藍庭正(2004)，基層服務機關民眾滿意度評量模式暨服務品質關鍵因素之研究：以臺南市為例，成功大學管理學院碩士論文。

二、網站

1. 臺灣永紘公司部落格，http://tw.myblog.yahoo.com/ka16899/

2. 數位時代，https://www.bnext.com.tw/

Chapter 10

一、中文書目

1. 周逸衡、凌儀玲(2007)，服務業行銷，華泰文化。

2. 陳澤義、張宏生(2006)，服務業行銷，華泰文化。

3. 胡文玲(2000)，50個留住顧客的方法，傳智國際文化。

4. 鄭紹成(2009)，服務行銷與管理，雙葉書廊。

5. 黃鵬飛(2008)，服務行銷四版，華泰文化。

6. 楊明德(2007)，服務業行銷與管理，普林斯頓國際。

7. 楊東震(2003)，服務行銷與管理，雙葉書廊。

二、網站

1. Business Digest https://businessdigest.io/#google_vignette

Chapter 11

一、中文書目

1. Sanders. D.著，張如玉譯(2007)，服務業管理聖經：打造以人為主的極致服務團隊，麥格羅希爾出版社。

2. 周逸衡(2007)，服務業行銷，華泰文化。

3. 于卓民、張力元、蘇瓜藤(2006)，金融服務業個案集，智勝。

4. 黃鴻程(2006)，服務業關鍵成功因素，秀威資訊。

5. 呂文吉(2004)，臺灣醫院藥局實體環境對藥事人員執業之影響，中國醫藥大學醫務管理研究所碩士論文。

二、英文書目

1. Donovan, Rossiter, Marcooley, & Nesdale, 1994, 'Store atmosphere and purchasing behavior,' Journal of Retailing, Vol.70, p.284.

2. G. Lynn Shostack, 1977, 'Breaking Free From Product Marketing,' *Journal of Marketing* ,Vol.41(April), pp.73~80.

3. Kotler, P. and K. L. Keller, 2005, '*Marketing Management*,' 12th ed., New Jersey: Prentice Hall.

4. Mehrabian, A. & James Russell, 1974, *An Approach to Environmental Psychology*, Cambridge, MA. MIT Press.

5. Turley, L. W., & Milliman, R. E., 2000, 'Atmospheric effect on shopping behavior: A review of the experimental evidence,' *Journal of Business Research*, Vol.49, pp.193~211.

6. Zeithaml, Valarie A., 1988, 'Consumer Perceptions of Price, Quality and Value: A Means-End Model and Synthesis of Evidence,' *Journal of Marketing*, Vol.52, pp.2~22.

7. Zeithaml, V. A. and Bitner, M. J., 2000, *Services Marketing: Integrating Customer Focus across the Firm*, Boston MA: Irwin/McGraw-Hill.

三、網站

1. 天下雜誌，https://www.cw.com.tw/

Chapter 12

一、中文書目

1. 鄭紹成(2007)，服務行銷與管理：亞太案例、本土思維，雙葉書廊。

2. 李如玲譯(2006)，服務業行銷：亞洲實例，培生教育。

3. 李茂興譯(2002)，服務業的行銷與管理，弘智文化。

二、英文書目

1. C. T. Ennew and M. R. Binks, 1999, 'Impact of Participative Service Relationships on Quality, Satisfaction and Retention: An Exploratory Study,' *Journal of Business Research*, Vo1.46, pp.121~132.

2. D. Fodness. B. E. Pitegoff and E. T. Sautter, 1993, 'From Customer to Competitor: Consumer Cooption in the Service Sector,' *Journal of Service Marketing*, Vo1.7, No.3, p.20.

3. J. E. G. Bateson and K.D.Hoffman, 1999, *Managing Services Marketing*, New York: The Dryden Press, p.121.

4. Lovelock, C., and Wirtz, J., 2004, *Service marketing: People, technology, strategy* (5th ed.,) Upper Saddle River, NJ: Person Prentice Hall.

三、網站

1. 數位時代，https://www.bnext.com.tw/

Chapter 13

一、中文書目

1. 黃鵬飛(2002)，服務行銷，華泰文化。

2. 張瑋倫(2008)，顧客關係管理：理論與實務，第二版，學貫行銷。

3. 周逸衡、凌儀玲(2005)，服務業行銷，培生教育。

4. 劉典嚴(2004)，服務業行銷，滄海書局。

5. 楊東震(2003)，服務行銷與管理，雙葉書廊。

6. 李茂興、戴靖惠、吳偉慈譯(2002)，服務業的行銷與管理，弘智文化。

7. 張瑋倫(2005)，顧客關係管理與實務，學貫行銷。

8. NCR(1999)，整合企業經營策略與顧客關係管理，電子化企業：經理人報告，頁20~25。

二、英文書目

1. Bhatia, A., 1999, *Customer Relationship Management*, 1st ed., tool box Portal for CRM.

2. Dowling G. R. and Uncles M., 1997, 'Do Customer Loyalty Programs Really Work ?', *Sloan Management Review*, Vol.38, No.4, pp.71~82.

3. Kalakota, R. and Robinson, 1999, *e-Business Roadmap for Success*, Addison-Wesley, Reading Massachusetts.

4. Keaveney, S.M.,1995, 'Customer Switching Behavior in Service Industries: An exploratory study,' *Journal of Marketing*, Vol.59, No.2, pp.71~82.

5. McKinsey & Company, 2001, *Effective Capacity Building in Nonprofit Organizations*, Venture Philanthropy Parthers.

6. Swift, R., 2001, *Accelerating Customer Relationships*, Upper Saddl River, Prentice Hall.

7. Ward, A., Frew, E., and Caldow, D., 1997, 'An extended list of the dimensions of relationship in consumer service product marketing: A pilot study,' *American Marketing Association Conference*, Vol.6, pp.531~544.

8. Winer. R. S., 2001, *Customer Relationship Management: A Framework, Research Directions, and the Future*, Haas School of Business, University of California at Berkeley.

Chapter 14

一、中文書目

1. Christopher Lovelock, Lauren Wright著(2003)，楊東震、羅珏瑜譯，服務業行銷管理，雙葉書廊。

2. 張健豪、袁淑娟(2002)，服務業管理，揚智出版。

3. 鄭紹成(2009)，服務行銷與管理，雙葉書廊。

4. 林國棟(2006)，公部門服務疏失因素之探討：關鍵事件分析法與敘說分析法之比較，大葉大學人力資源暨公共關係學系碩士論文。

二、英文書目

1. Bitner, M. J., Booms, B. H. and Tetreault, 1990, M.S., 'The Service Encounter Diagnosing Favorable and Unfavorable Incidents', *Journal of Marketing*, Vol.54, pp.71~84.

2. Bitner, M.J., Bernard H., and Mohr L.A., 1994, 'Critical Service Encounters: The Employee's Viewpoint,' *Journal of Marketing*, Vol.58, No.4, pp.95~106.

3. Boshoff, Christo, 1997, 'An experimental study of service recovery options,' *International Journal of Service Industry Management*, Vol.8, pp.110~130.

4. Desatnick, R. L., 1988, *Managing to Keep The Customer*, Boston, Massachusetts: Houghton Mifflin.

5. De Coverly, E., Holme, N.O., Keller, A.G., Thompson, F.H.M., and Toyoki, S., 2002, 'Service recovery in the airline industry: Is it as simple as failed, recovered, satisfied?,' *Marketing Review*, Vol.3, pp.21~37.

6. Firnstahl, T. W., 1989, 'My employees are my service guarantees,' *Harvard Business Review*, Vol.24, pp.4~8.

7. Gary L., Peter F. Kaminski, and David R. Rind, 1992, 'Consumer Complaints: Advice on How Companies Should Respond Based on an Empirical Study,' *Journal of Services Marketing*, Vol.6, pp.41~50.

8. Gronroos, C., 1988, 'Service quality: the six criteria of good perceived service quality,' *Review of Business*, Vol.9, pp.10~13.

9. Heskett and Leonard A. Schlesinger, 1991, 'How Does Service Drive the Service Company,' *Harvard Business Review*, Vol.69, pp.46~158.

10. Hoffman, K. Douglas and Scott W. Kelley, 1994, *The Influence of Service Provider Mood States on Prosocial Behaviors and Service Quality Assessments*, In C. Whan Park and Daniel C. Smith (eds.), AMA Winter Educators' Proceedings, Chicago, IL: American Marketing Assocation.

11. Hoffman, K. D., Kelley, S.W., and Rotalsky, H. M., 1995, 'Tracking Service Failure and Employee Recovery Efforts,' *Journal of Service Marketing*, Vol.9, pp.49~61.

12. Hoffman, K. D., & Bateson, J. E. G., 1997, *Essentials of Service Marketing*, London: The Dryden Press.

13. Johnson, Michael D. and Claes Fornell, 1992, 'A Framework for Comparing Customer Satisfaction Across Individuals and Product Categories,' *Journal of Economic Psychology*, forthcoming.

14. J. L. Heskett, W. E. Sasser, Jr. and C. W. L. Hart, 1990, *Service Breakthroughs*, The Free Press.

15. Keaveney, Susan M., 1995, 'Customer Switching Behavior in Service Industries: An Exporatory Study,' *Journal of Marketing*, p.59.

16. Matta, K., J. Davis, R. Mayer & E. Conlon, 1996, 'Research questions on the implementation of total quality management,' *Total Quality Management*, Vol.7, pp.39~49.

17. Smith, A. K., Bolton, R. N., and Wagner, I., 1999, 'A model of customer satisfaction with service encounters involving failure and recovery,' *Journal of Marketing Research*, Vol.36, No.3, pp.356~372.

18. Tax, S. S., & S. W. Brown, 1998, 'Recovering and Learning from Service Failure', *Sloan Management Review*, Vol.40, pp.75~88.

19. Westbrook, 1981, 'Sources of Consumer Satisfaction with Retail Outlets,' *Journal of Retailing*, Vol.57, pp.67~85.

20. Zeithaml, V. A. & M. C. Gilly ,1987, 'Characteristics Affecting The Acceptance Of Retailing Technologies: A Comparison Of Elderly And Nonelderly Consumers,' *Journal of Retailing*, Vol.63, pp.49~68.

21. Zeithaml, V. A., Berry, L. L. and Parasuraman, A. ,1993, 'The Nature and Determinants of Customer Expectations of Service Quality', *Journal of the Academy of Marketing Science*, Vol.21, pp.1~12.

22. Zeithaml & Bitner, 2000, *Service marketing: Integrating customer focus across the firm*, New York: McGraw-Hill.

Chapter 15

一、中文書目

1. 許士軍(1998),創新的研發組織,能力雜誌,頁24~30。

2. 趙新銘(2005),服務創新、規範性評估、服務品質與顧客滿意度關係之研究:以小客車租賃業為例,成功大學高階管理碩士在職專班碩士論文。

3. 張瑩(2005),組織創新前置因素、組織創新與組織績效之相關性研究:以臺灣製藥業為例,成功大學高階管理碩士在職專班碩士論文。

4. 廖偉伶(2003),知識管理在服務創新之應用,成功大學工業管理系碩士論文。

二、英文書目

1. Betz, F., 1993, *Strategy Technology Management*, New York: McGraw-Hill.

2. Danneels E, Kleinschmidt EJ, 2001, 'Product Innovativeness from the Firm's Perspective: its dimensions and their relation with project selection and performance,' *Journal of Product Innovation Management*, Vol.18, pp.357~373.

3. Drucker, P. F., 1985, *Innovation and Entrepreneurship: Practice and Principles*, London: Heinemann.

4. Higgins and M. James, 1995, 'Innovation: The Core Competence,' *Planning Review*, Vol.123, pp.32~36.

5. Voss, C. R., Johnston R., Silvestro, R., Fitzgerald, L., & Brignall, T., 1992, 'Measurement of innovation and design performance in services,' *Design Management Journal*, Vol.3, pp.40~46.

三、網站

1. 中華民國全國商業總會,http://www.roccoc.org.tw/

MEMO

MEMO

國家圖書館出版品預行編目資料

服務業管理/王榮祖, 顏碧霞, 林逸棟編著.--
三版. -- 新北市 : 新文京開發出版股份有限
公司, 2024.07
　　面 ; 　公分

　ISBN　978-626-392-020-0（平裝）

　1.CST：服務業管理

489.1　　　　　　　　　　　　113006077

服務業管理（第三版）　　　　　　　（書號：H180e3）

編　著　者	王榮祖　顏碧霞　林逸棟
出　版　者	新文京開發出版股份有限公司
地　　　址	新北市中和區中山路二段 362 號 9 樓
電　　　話	(02) 2244-8188（代表號）
Ｆ　Ａ　Ｘ	(02) 2244-8189
郵　　　撥	1958730-2
初　　　版	西元 2010 年 08 月 25 日
二　　　版	西元 2013 年 01 月 31 日
三　　　版	西元 2024 年 06 月 15 日

New Wun Ching Developmental Publishing Co., Ltd.

New Age · New Choice · The Best Selected Educational Publications — NEW WCDP

新文京開發出版股份有限公司

NEW
WCDP

新世紀・新視野・新文京 — 精選教科書・考試用書・專業參考書